図解即戦力 豊富な図解と丁寧な解説で、知識0でもわかりやすい！

ISO 9001
（アイエスオー）

の

規格と審査が
しっかりわかる教科書

これ1冊で

株式会社テクノソフト コンサルタント
福西義晴
Yoshiharu Fukunishi

技術評論社

はじめに

　世界中から欲しいものを探し出し、入手することができる環境の中で、製品やサービスを提供する組織は、さまざまな視点で自らの製品及びサービスの品質を高め、その情報を発信しつづけなければなりません。

　ISO 9001 は、顧客に提供する製品やサービスの品質を保証し、顧客の満足を得るための組織の活動に関する品質マネジメントシステムの国際規格です。

　本書はこれからISO 9001の認証を取得される組織やその担当者の方を対象に、ISO認証制度やISO 9001規格の要求事項と、それらの要求に従って品質マネジメントシステムを構築して審査を受けるために必要な知識を、具体的な例を含めながらわかりやすく解説していきます。

　本書の構成は、ISO 9001規格の要求事項と対応する形で、
1章は、ISOとは、ISO全般について
2章は、品質マネジメントシステムの構築・運用から認証を受けるまで
3章は、ISO用語について
4〜5章は、品質マネジメントシステムの構築やリーダーシップについて
6章は、品質マネジメントシステムの計画について
7〜8章は、品質マネジメントシステムの実施について
9章は、内部監査やマネジメントレビューを含む評価について
10章は、品質マネジメントシステムの改善について
　それぞれ解説します。

　本書がISO 9001の理解と、認証取得・維持のためにお役に立てば幸いです。

2019年7月
株式会社テクノソフト
福西　義晴

目次　Contents

はじめに ……………………………………………………………………………… 003

1章
ISO 9001とは

01　ISO規格とは ……………………………………………………………… 012
ISOとは／ISO規格発行・改訂の流れ

02　ISOマネジメントシステム規格 ………………………………………… 016
ISOマネジメントシステム規格の特徴

03　ISO 9001 品質マネジメントシステムの要求事項 …………………… 018
MSS共通テキストに対応したISO 9001:2015／ISO 9001固有事項とプロセスアプローチ／
ISO 9001:2015改訂のポイント

04　品質マネジメントシステムとは ……………………………………… 022
品質とは、マネジメントとは？／品質マネジメントシステムの定義と目的

05　品質マネジメントの基本 ……………………………………………… 024
0.2 品質マネジメントの原則／0.3 プロセスアプローチ／0.3.2 PDCAサイクル／0.3.3 リスクに基づく考え方

06　ISO 9000ファミリー規格 ……………………………………………… 028
0.4 他のマネジメントシステム規格との関係

2章
ISO認証制度と認証の受け方

07　品質マネジメントシステムのロードマップ ………………………… 032
品質マネジメントシステムの整備／品質マネジメントシステムの実施／認証登録審査の受審／認証登録後の維持

08　品質マネジメントシステムの構築 …………………………………… 036
組織の状況を把握する／トップマネジメントの役割

09　品質マネジメントシステムの計画 …………………………………… 038
活動計画を立てる

004

10 品質マネジメントシステムの実施 ──────── 040
支援体制を整える／プロセスを運用する／プロセスの運用を管理する

11 品質マネジメントシステムの評価と改善 ──────── 044
システム運用の結果を評価する／活動結果の監視・測定／内部監査／マネジメントレビュー／品質マネジメントシステムを改善する／再発防止には「なぜなぜ分析」を行う

12 ISO認証制度 ──────── 050
ISO認証制度とは／認証機関を選ぶ

13 審査を受ける ──────── 054
申請手続き、審査の準備／一次審査と受審後の対応／二次審査と受審後の対応

14 認証を継続する ──────── 060
品質マネジメントシステムを継続的に改善する／認証登録以降の各種審査

3章
ISO 9001規格の重要用語解説

15 マネジメントシステム、品質マネジメントに関する用語 ──────── 066
マネジメントシステム、品質マネジメントに関する用語の定義と解説

16 支援・運用に関する用語 ──────── 070
支援・運用に関する用語の定義と解説

17 評価・改善に関する用語 ──────── 074
評価・改善に関する用語の定義と解説

4章
4 組織の状況

18 4.1 組織及びその状況の理解 ──────── 078
「4 組織の状況」のポイント／リスクに基づく予防的活動／4.1 組織及びその状況の理解／外部・内部の課題の監視及びレビュー

19 4.2 利害関係者のニーズ及び期待の理解 ———————— 081
利害関係者のニーズ及び期待とは／利害関係者のニーズ及び期待の監視及びレビュー

20 4.3 品質マネジメントシステムの適用範囲の決定 ———————— 083
どの範囲内で適用するかを決定する／適用範囲を決定する際に考慮すること／
適用が不可能な要求事項の適用除外ができる

21 4.4 品質マネジメントシステム及びそのプロセス ———————— 085
品質マネジメントシステムとプロセス／運用プロセスをまとめた「プロセスマップ」と「品質保証体系図」／
文書化した情報の維持と保持

5章
5 リーダーシップ

22 5.1 リーダーシップ及びコミットメント ———————— 090
リーダーシップの重要性／トップマネジメントの役割／リーダーシップ及びコミットメントの実証／
トップマネジメントが行うこと／品質マネジメントシステムに行わせる（確実にする）こと

23 5.1.2 顧客重視 ———————— 094
顧客重視のリーダーシップとコミットメントを実証する

24 5.2 方針 ———————— 096
5.2.1 品質方針の確立／5.2.2 品質方針の伝達

25 5.3 組織の役割、責任及び権限 ———————— 098
役割と責任をトップマネジメントが与える／組織図／マトリクス表／特定の役割と責任

6章
6 計画

26 6.1 リスク及び機会への取組み ———————— 104
「6 計画」のポイント／影響の大きいリスクや効果の大きい機会に取り組む／
リスク及び機会への取組みの具体例

27 6.2 品質目標及びそれを達成するための計画策定 ———————— 108
適切な品質目標を掲げる／品質目標を達成するために実行計画を策定する

7章
7 支援

28 6.3 変更の計画 —— 110
品質マネジメントシステムの変更は計画的に行う

29 7.1 資源 —— 114
「7 支援」のポイント／内部資源と外部提供者からの取得

30 7.1.2 人々 —— 116
資源でもっとも重要なのは「人々」／人々の管理

31 7.1.3 インフラストラクチャ —— 118
インフラストラクチャの明確化／インフラストラクチャの維持管理

32 7.1.4 プロセスの運用に関する環境 —— 120
プロセスの運用に関する環境／作業環境の維持

33 7.1.5 監視及び測定のための資源 —— 122
妥当な監視及び測定のための資源を明確にする／7.1.5.2 測定のトレーサビリティ

34 7.1.6 組織の知識 —— 124
プロセス運用に必要な組織の知識の維持・利用／新しい知識の入手・アクセス方法の決定

35 7.2 力量 —— 126
人々の力量を明確化して備えさせる／力量の向上

36 7.3 認識 —— 128
適切な認識を持たせる／認識を獲得させる方法

37 7.4 コミュニケーション —— 130
必要なコミュニケーションを決めておく

38 7.5 文書化した情報 —— 132
品質マネジメントシステムの文書化した情報／文書体系／
作成する文書化した情報に求められていること／文書化した情報の管理に求められていること／外部文書

8章
8 運用

39 8.1 運用の計画及び管理 ……………………………………………………………… 138
「8 運用」のポイント／品質マネジメントシステムの運用のプロセス／運用の計画及び管理で行うこと／変更の管理／文書類でプロセスを管理する

40 8.2.1 顧客とのコミュニケーション ……………………………………………… 142
コミュニケーションの種類

41 8.2.2 製品及びサービスに関する要求事項の明確化 …………………… 144
要求事項を明確にする／組織の主張を満たす

42 8.2.3 製品及びサービスに関する要求事項のレビュー ………………… 146
8.2.3.1 要求事項のレビュー／8.2.3.2 文書化した情報の保持

43 8.2.4 製品及びサービスに関する要求事項の変更 ……………………… 148
要求事項の変更／変更の伝達

44 8.3 製品及びサービスの設計・開発、8.3.2 設計・開発の計画 … 150
8.3 製品及びサービスの設計・開発／設計・開発プロセスの構成／8.3.2 設計・開発の計画

45 8.3.3 設計・開発へのインプット ………………………………………………… 154
適切で、漏れがなく、曖昧でない情報を集める／設計・開発へのインプット間の相反は解決しておく

46 8.3.4 設計・開発の管理 ……………………………………………………………… 156
設計・開発は規格化された方法で管理する

47 8.3.5 設計・開発からのアウトプット ……………………………………………… 158
設計・開発に求められるアウトプットとは

48 8.3.6 設計・開発の変更 ……………………………………………………………… 160
設計・開発の変更を管理する

49 8.4 外部から提供されるプロセス、製品及びサービスの管理 …… 162
組織が管理すべき外部プロセス、製品・サービス／外部提供者の評価基準／
8.4.2 管理の方式及び程度／8.4.3 外部提供者に対する情報

50	**8.5.1 製造及びサービス提供の管理** 166
	8.5 製造及びサービス提供

51	**8.5.2 識別及びトレーサビリティ** 168
	アウトプットの識別とアウトプットの状態の識別／トレーサビリティ

52	**8.5.3 顧客または外部提供者の所有物** 170
	顧客または外部提供者の所有物を預かる／異常時の対応

53	**8.5.4 保存** 172
	全行程で要求されるアウトプットの保存

54	**8.5.5 引渡し後の活動** 174
	引渡し後に要求される活動

55	**8.5.6 変更の管理** 176
	変更を管理する／変更の記録

56	**8.6 製品及びサービスのリリース** 178
	製品及びサービスの要求事項を検証する／リリースの記録

57	**8.7 不適合なアウトプットの管理** 180
	不適合なアウトプットの識別、管理を確実にする／不適合の記録

9章
9 パフォーマンス評価

58	**9.1 監視、測定、分析及び評価** 184
	「9 パフォーマンス評価」のポイント／監視、測定、分析及び評価のために決定すること

59	**9.1.2 顧客満足** 186
	顧客が満足したかをレビューする／顧客満足向上の計画

60	**9.1.3 分析及び評価** 188
	分析をして監視及び測定結果を評価する／統計的手法に利用する QC7つ道具

61　9.2 内部監査 ———————————————————————— 191
　　内部監査を実施する／監査プログラム

62　9.3 マネジメントレビュー ———————————————— 194
　　レビューはトップマネジメントが行う／9.3.2 マネジメントレビューへのインプット／
　　9.3.3 マネジメントレビューからのアウトプット

10章
10 改善

63　10.1 一般 ———————————————————————————— 198
　　「10 改善」のポイント／改善の機会を明確にして選択する

64　10.2 不適合及び是正処置、10.3 継続的改善 ———————— 200
　　不適合への対処と是正処置／文書化した情報を残す／継続的改善に取り組む

おわりに ———————————————————————————————— 204
索引 —————————————————————————————————————— 205

ご注意：ご購入・ご利用の前に必ずお読みください

■ 免責
本書に記載された内容は、情報の提供のみを目的としています。したがって、本書を用いた運用は、必ずお客様自身の責任と判断によって行ってください。これらの情報の運用の結果について、技術評論社および著者または監修者は、いかなる責任も負いません。
また、本書に記載された情報は、特に断りのない限り、2019年7月末日現在での情報を元にしています。情報は予告なく変更される場合があります。
以上の注意事項をご承諾いただいた上で、本書をご利用願います。これらの注意事項をお読み頂かずにお問い合わせ頂いても、技術評論社および著者は対処しかねます。あらかじめご承知おきください。

■ 商標、登録商標について
本書中に記載されている会社名、団体名、製品名、サービス名などは、それぞれの会社・団体の商標、登録商標、商品名です。なお、本文中に™マーク、®マークは明記しておりません。

1章

ISO 9001とは

ISO 9001は、品質マネジメントシステム（QMS：quality management system）に関する国際規格で、顧客重視や顧客満足に関する規格が定められています。まず初めに、ISO規格の発行の流れや、ISO 9001の認証制度に関する理解を深めておきましょう。

Chapter 1　ISO 9001とは

01　ISO規格とは

ISOとは、スイスのジュネーブに本部を置く国際標準化機構（International Organization for Standardization）の略称です。ISOのおもな活動は国際的に通用する規格を制定することであり、ISOが制定した規格をISO規格といいます。

● ISOとは

　ISO（国際標準化機構）は、国際的な取引をスムーズにするため、製品やサービスに関して「世界中で同じ品質、同じレベルのものを提供できるようにする」という**国際的な基準を発行する機関**として、1947年2月23日に発足しました。

　ISOでは、各国1機関のみの参加が認められており、**日本からは日本産業規格（JIS）の調査・審議を行っている日本産業標準調査会（JISC）が加入**しています。

　ISO規格の身近な例としては、非常口のマークやカードのサイズ、ネジといった規格が挙げられます。これらは製品そのものを対象とする「モノに対する規格」です。一方、製品そのものではなく、組織を取り巻くさまざまなリスク（品質、環境、情報セキュリティなど）を管理するためのしくみについてもISO規格が制定されています。これらは**「マネジメントシステム規格」**（MSS：management system standards）と呼ばれ、品質マネジメントシステム（ISO 9001）や環境マネジメントシステム（ISO 14001）、情報セキュリティマネジメントシステム（ISO/IEC 27001）などの規格が該当します。

■ ISOの例

ISO規格の制定や改訂は、ISO技術管理評議会（TMB：technical management board）の各専門委員会（TC：technical committee）で行われます。

　各TCではさまざまな業務分野を扱うため、分科委員会（SC：subcommittee）、作業グループ（WG：working group）を設置して、規格の開発活動を行っており、制定や改訂は、日本を含む世界168カ国（2023年7月現在）の参加国の投票によって決定します。

　ISOでは、国際規格（IS）以外にも、技術仕様書（TS）、技術報告書（TR）、一般公開仕様書（PAS）なども発行しています。

■ ISOの主要な刊行物

分類	概要
国際規格 （**IS**：International Standard）	ISO参加国の投票に基いて発行される国際規格
技術仕様書 （**TS**：Technical Specification）	WGで合意が得られたことを示す規範的な文書。TC/SCは、IS作成に向けて技術的に開発途上にあったり、必要な支持が得られなかったりして当面の合意が不可能な場合に、特定業務項目を **ISO/TS** として発行できる
技術報告書 （**TR**：Technical Report）	通常の規範的な文書として発行されるものとは異なる情報を含んだ情報提供型の文書。ISOの委員会が作業のために集めた情報をTRの形で発行することをISO中央事務局に要請して、**ISO/TR** の発行が決定される
一般公開仕様書 （**PAS**：Publicly Available Specification）	ISOの委員会で技術的に合意されたことを示す規範的な文書。TC/SCは、技術開発途上であり当面の合意が得られない場合、また、TSほどの合意が得られない場合に、特定業務項目を **ISO/PAS** として発行できる

 ISO規格とJIS規格との関係

　JIS規格は、ISO規格の要求事項を変えないでそのまま日本語に翻訳したものです。JIS規格は、ISO規格の要求事項を正しく解釈して用いることができるように、注記の追加や解説の記載をすることができます。ISO 9001は、JIS Q 9001という規格番号で翻訳されており、本書の表現もそれに従っています。

● ISO規格発行・改訂の流れ

　ISO規格の発行は6つの段階を経て作成され、36カ月以内に最終案がまとめられて、国際規格（IS）が発行・改訂されます。

(1) 提案段階：新作業項目（NP）の提案
　各国加盟機関（日本であればJISC）や専門委員会（TC）/分科委員会（SC）などが新たな規格の作成、現行規格の改訂を提案し、各国が提案に賛成か反対かを投票して、作成・改訂するかどうかが決定されます。

(2) 作成段階：作業原案（WD）の作成
　提案承認後、TC/SCの作業グループ（WG）とTC/SCのPメンバー（Participating member：積極的参加メンバー）などが協議して作業原案（WD）作成について専門家を任命し、WGでWDが検討・作成され、TC/SCにWDが提出されます。また、WDは一般公開仕様書（PAS）として発行される場合があります。

(3) 委員会段階：委員会原案（CD）の作成
　作業原案（WD）は委員会原案（CD）として登録され、TC/SCのPメンバーに回付して意見を募集し、投票で3分の2以上の賛成が得られればCDが成立し、国際規格原案（DIS）として登録されます。
　また、この段階で技術的な問題が解決できない場合、CDを技術仕様書（TS）として発行する場合があります。

(4) 照会段階：国際規格原案（DIS）の照会及び策定
　DISはすべてのメンバー国に回付（投票前の翻訳期間は2カ月、投票期間は3カ月）し、投票したTC/SCのPメンバーの3分の2以上が賛成、かつ反対が投票総数の4分の1以下である場合に、最終国際規格案（FDIS）として登録されます。

(5) 承認段階：最終国際規格案（FDIS）の策定
　FDISはすべてのメンバー国に回付（投票期間は2カ月）し、投票したTC/SC

のPメンバーの3分の2以上が賛成、かつ反対が投票総数の4分の1以下である場合に、国際規格（IS）として成立します。

(6) 発行段階：国際規格（IS）の発行

FDISの承認後、正式に国際規格として発行されます（発行期限はNP提案承認から36カ月以内）。その後は、新規に発行された規格は3年以内、既存の規格は5年ごとに見直され、改訂されていきます。

■ ISO規格の発行・改訂の流れ

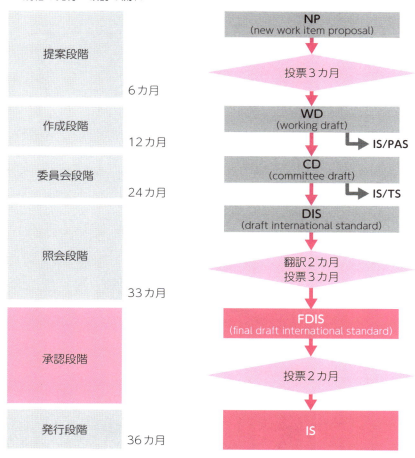

※5年で承認段階に達しない場合は提案前の予備段階に差し戻し

Chapter 1　ISO 9001とは

02　ISOマネジメントシステム規格

2012年にマネジメントシステム規格（MSS）の共通基本構造が開発されて、品質、環境、情報セキュリティなどの各マネジメントシステム規格が、MSS共通の要求事項をベースに各規格固有の要求事項を加える形で整えられました。

● ISOマネジメントシステム規格の特徴

　ISOマネジメントシステム規格（ISO MSS）は、ビジネス環境や利害関係者からの要求の変化に応じて規格が発行されており、ISO 9001もその1つです。**組織を取り巻くリスクごとに規格が開発**されており、ISO MSSの全体の大きな目的は、組織の永続や適正な利益を守ることともいえます。

　現状ではさまざまなISO MSSがありますが、それぞれに共通する活動としては、トップマネジメントが方針や目標を明確にし、それを実現するために「やり方を決める（Plan）」、「決めたとおり実行する（Do）」、「結果をチェックする（Check）」、「見直し改善する（Act）」といったPDCAサイクルのしくみの構築と継続的な運用・改善が求められます。

■ ISOマネジメントシステムのPDCAサイクル

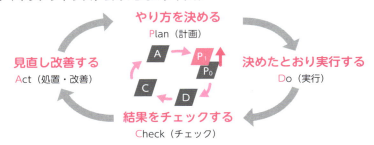

　近年、さまざまなISO MSSが発行されたため、ISOで整合性を確保するために議論が行われました。そして、2012年5月に発行されたISO/IEC専門業務用指針で、**「MSS共通テキスト」**と呼ばれる上位の共通基本構造（章立てや統一

された文章表現）を原則として採用し、規格を作成・改訂することが決定されました。これにより、ISO 9001などのISO MSSが「MSS共通テキスト」を採用して改訂されました。

ISO 9001:2015は、品質マネジメントシステムの規格として、特にプロセスアプローチ・PDCAサイクル・リスクに基づく考え方についての要求が強化されています（ISO 9001 附属書AのA.4参照）。

■ MSS 共通テキストの共通基本構造（上位構造：High Level Structure [HLS]）

項番	タイトル	項番	タイトル
1	適用範囲	7	支援
2	引用規格	7.1	資源
3	用語及び定義	7.2	力量
4	組織の状況	7.3	認識
4.1	組織及びその状況の理解	7.4	コミュニケーション
4.2	利害関係者のニーズ及び期待の理解	7.5	文書化された情報
4.3	XXXマネジメントシステムの適用範囲の決定	8	運用
4.4	XXXマネジメントシステム	8.1	運用の計画及び管理
5	リーダーシップ	9	パフォーマンス評価
5.1	リーダーシップ及びコミットメント	9.1	監視、測定、分析及び評価
5.2	方針	9.2	内部監査
5.3	組織の役割、責任及び権限	9.3	マネジメントレビュー
6	計画	10	改善
6.1	リスク及び機会への取り組み	10.1	不適合及び是正処置
6.2	XXX目的及びそれを達成するための計画策定	10.2	継続的改善

■ 共通基本構造の概要図

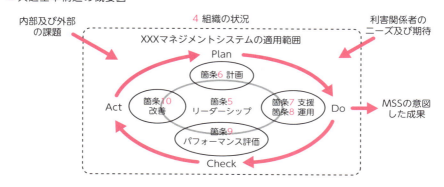

Chapter 1 ISO 9001とは

03 ISO 9001品質マネジメントシステムの要求事項

MSS共通テキストに品質マネジメントに固有の要求事項を追加したのがISO 9001「品質マネジメントシステム—要求事項」です。ISO 9001の要求事項の特徴について概要を解説します。

● MSS共通テキストに対応したISO 9001:2015

　ISO 9001要求事項には、MSS共通事項と下図に吹き出しで示したISO 9001の固有事項があります。ISO 9001の固有事項としては、「適合製品の提供」「顧客満足の向上」という意図した結果を達成するために、特に**顧客重視や顧客満足に関する事項、資源に関する詳細事項、運用に関する詳細事項**が要求されています。

■ MSSに追加されたISO 9001の固有要求箇条

4 組織の状況

5 リーダーシップ
　5.1.2 顧客重視

6 計画
　6.3 変更の計画

7 支援
　7.1 資源
　　7.1.1 一般
　　7.1.2 人々
　　7.1.3 インフラストラクチャ
　　7.1.4 プロセスの運用に関する環境
　　7.1.5 監視及び測定のための資源
　　7.1.6 組織の知識

8 運用
　8.2 製品及びサービスに関する要求事項
　8.3 製品及びサービスに関する設計・開発
　8.4 外部から提供されるプロセス、製品及びサービス
　8.5 製造及びサービス提供
　8.6 製品及びサービスのリリース
　8.7 不適合なアウトプットの管理

9 パフォーマンス評価
　9.1.2 顧客満足

10 改善

ISO 9001固有事項とプロセスアプローチ

　これらのISO 9001の固有事項で際立つのは、PDCAサイクルにおいて「Do（実行）」にあたる「7 支援」の中の「7.1 資源」及び「8 運用」に関する詳細事項です。品質マネジメントの原則（P.24参照）にあるように、品質マネジメントシステムは**プロセスアプローチを強く要求**しており、そのためプロセスを構成する資源や運用手順に関する詳細事項を定めています。資源や運用手順は、いわゆる4M（Man（人）、Machine（インフラストラクチャ、環境）、Method（運用手順）、Material（原材料））であり、組織はプロセスに関するこれらの資源や運用手順を規定することで、製品及びサービスを提供する業務プロセスを定義します。それにはP.182で紹介する「タートル図」が便利な方法として一般的に用いられています。

■ 業務プロセスとISO 9001箇条の対応

● ISO 9001:2015改訂のポイント

　用語をはじめ、ISO 9001品質マネジメントシステムを有効にするための工夫を盛り込んで改訂されています。

用語の変更

　ISO 9001:2015のISO 9001:2008からのおもな用語の変更点・比較を下記に示します。製造業だけでなくサービス業への配慮から、「製品」から「製品及びサービス」に改訂されています。適用範囲における「除外」は、存在している業務に規格要求の適用を「除外」するような誤った解釈を生むことから廃止されました。適用範囲において、業務が存在しないときは、規格要求を適用できないと表現します。「管理責任者」は組織の状況に応じて柔軟に設定できるように廃止されました。文書類や記録類は「文書化した情報」に統一されました（ISO 9001 附属書AのA.1参照）。

■ おもな用語の改訂内容

JIS Q 9001:2008	JIS Q 9001:2015
製品	製品及びサービス
除外	該当なし（適用可能性の明確化については、附属書AのA.5参照）
管理責任者	該当なし（類似の責任及び権限は割り当てられているが、一人の管理責任者という要求事項はない）
文書類、品質マニュアル、文書化された手順、記録	文書化した情報
作業環境	プロセスの運用に関する環境
監視機器及び測定機器	監視及び測定のための資源
購買製品	外部から提供される製品及びサービス
供給者	外部提供者

出典：JIS Q 9001 附属書A 表 A.1

MSS共通テキストの採用

　大きな改訂点は、「MSS共通テキストへの準拠」であり、マネジメントシステムの基本構造が整備され、同時にISO 14001（環境）やISO 27001（情報セキュ

リティ）などの、他のマネジメントシステム規格との統合もやりやすくなりました。

リスクに基づく考え方

　MSSでは、従来から採用されていた「プロセスアプローチ」（P.25参照）、「PDCAサイクル」（P.26参照）に、新たに「リスクに基づく考え方」（P.27参照）が加えられました。すなわち、不適合が起こってから是正処置をとるような事後的な活動だけでなく、組織の課題や要求事項といった組織の状況を明らかにし、品質マネジメントシステムの**意図した結果を達成するためのリスクを想定し、そのリスクへの対応策を計画して活動する**という予防的な活動を組織に求めています。旧版にあった予防処置に関する個別箇条の代わりに、これによって品質マネジメントシステムがその目的の1つである予防ツールとしての役割を果たすように意図しています（ISO 9001 附属書AのA.4参照）。

事業プロセスへの統合

　トップマネジメントへの要求などに明記され、品質マネジメントシステムが形骸化しないように工夫されています。

組織の知識

　力量は、要員の「個人の知識」として従来からISOの管理項目とされていましたが、組織で共有すべき「組織の知識」を新たに管理するように要求されています。「組織の知識」は要員の交替時に教育訓練して伝える教育資料のようなものから、製造やサービス提供を行うための条件などが相当します。ベテランの退職などにより、製造やサービス提供に関する重要なノウハウが喪失しないように組織の知識として管理する必要があります（ISO 9001 附属書AのA.7参照）。

ヒューマンエラー防止

　不適合を防ぐためにヒューマンエラーを防止することが要求に加わりました。基準値を設定して基準をオーバーすると警報が鳴るしくみなどのハード面、過剰労働の防止や教育訓練の充実などのソフト面の対策が求められています。

Chapter 1　ISO 9001とは

04　品質マネジメントシステムとは

よく耳にする「品質」とは何なのでしょうか。また、その品質をマネジメントするとはどういうことなのでしょうか。製品やサービスを提供する上で品質マネジメントがなぜ重要であるのかをわかりやすく解説します。

● 品質とは、マネジメントとは？

　製品を購入したりサービスを受けるときは、より品質のよいものを選びたいものです。しかし、その「品質」とは何でしょうか。

　ISO 9001で用いられている用語は、ISO 9000（JIS Q 9000）「品質マネジメントシステム－基本及び用語」に定められています。そこでは「品質」とは、「本来備わっている特性の集まりが要求事項を満たす程度」と定義されています（P.68参照）。また「要求事項」とは、「明示されている、通常暗黙のうちに了解されている又は義務として要求されている、ニーズ又は期待」です（P.71参照）。すなわち、「品質」とは、製品やサービスそのものの特性だけではなく、**顧客が製品やサービスから感じるすべての価値**（＝顧客の要求を満たす程度）のことをいい、顧客によって異なるものです。

■ 品質とは

「マネジメント」は日本語で「管理」や「運営管理」と訳されます。ISO 9000において「マネジメント」は、「組織を指揮し、管理するための調整された活動」と定義されており、「方針や目標を立てて、目標を達成するために活動すること」と説明されています（JIS Q 9000:2015の 3.3.3）。

　すなわち、品質マネジメントとは、**顧客によって異なる品質を求められる製品やサービスを提供するために、方針や目標を設定し、その目標を達成するために活動すること**をいいます。

● 品質マネジメントシステムの定義と目的

　品質マネジメントシステムは、品質をマネジメントするための組織の一連の要素のことであり、組織の構造、役割及び責任、計画、運用、方針、慣行、規則、信条、目標、プロセスより構成されています（JIS Q 9000:2015の 3.5.3注記2）。

　ISO 9001による品質マネジメントシステムの達成すべき「意図した結果」は、**顧客の要求事項と適用される法令・規制要求事項を満たす製品やサービスを提供し（品質保証）、その結果として顧客満足を向上すること**です。これらはISO 9001の「1 適用範囲」に記載されています。最終的に品質保証や顧客満足を目指しますが、その前提となるプロセスとして利益の追求、事業規模の拡大、人材の育成、業務改善なども意図した結果と考えて活動してもよいでしょう。

　有効な品質マネジメントシステムによって意図した結果を達成し、同時に組織の事業の継続とさらなる拡大につなげていくことができるでしょう。

■ 意図した結果

Chapter 1 ISO 9001とは

05 品質マネジメントの基本

ISO 9001:2015では、従来からある「品質マネジメントの原則」、「プロセスアプローチ」、「PDCAサイクル」に加えて「リスクに基づく考え方」が品質マネジメントシステムの基本的な考え方に加わりました。

● 0.2 品質マネジメントの原則

　ISO 9001では、品質をマネジメントする上でポイントとなる概念が「0.2 品質マネジメントの原則」に7つの事項として定められています。

- **顧客重視**：顧客要求を満たし、顧客満足を向上するように努める
- **リーダーシップ**：目的や目標を一致させ、組織の人々を積極的に参加させる
- **人々の積極的参加**：能力（力量）ある人が権限を与えられ、積極的に活動する
- **プロセスアプローチ**：システムをプロセスのつながりとしてマネジメントする
- **改善**：内外の状況変化に適切に対応するためにシステムを改善する
- **客観的事実に基づく意思決定**：意思決定の不確かさを少なくするために、データ・情報の分析・評価から意思決定する
- **関係性管理**：品質保証や顧客満足の向上を継続的に成功させるため、たとえば製品を製造するための原材料の提供者などの利害関係者との関係をマネジメントする

● 0.3 プロセスアプローチ

　ISO 9001による品質マネジメントシステムのおもな特徴は、プロセスアプローチ、PDCAサイクル、リスクに基づく考え方の3つです。
　プロセスアプローチは、個々の活動をプロセスと考え、そのプロセスのつながりによって品質マネジメントシステムを作り上げていくという考え方です。**プロセスはインプットをアウトプットに変換する活動**と考え、活動のための資

源や方法を決め、目標を立てて活動の結果を評価することによって改善します。プロセスアプローチによって、効果的に品質マネジメントシステムを改善することができます。

■ 品質マネジメントシステムの原則

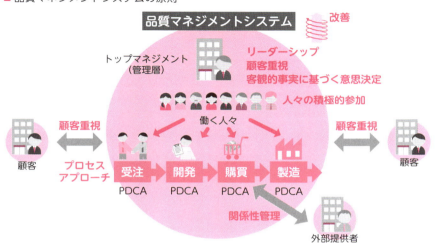

■ プロセスアプローチ

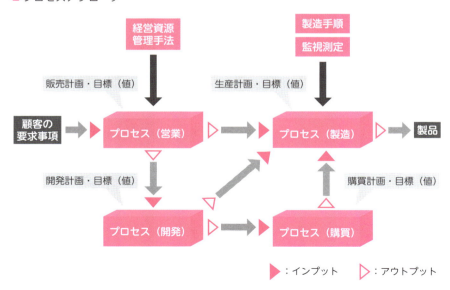

0.3.2 PDCAサイクル

ISO 9001による品質マネジメントシステムでは、Plan → Do → Check → Actの一連の活動（PDCAサイクル）を繰り返すことにより、次のPlanが前回のPlanよりレベルアップしていくこと、すなわち継続的に改善すること、を目指します。

Plan（計画）では、目標を設定し必要な資源を用意して、リスク及び機会を特定し、かつ、それらに取組みます。**Do（実行）**では、計画されたことを実行します。**Check（チェック）**では、方針、目標、要求事項及び計画した活動に対して、実行した結果を監視・測定し、その結果を報告します。そして**Act（処置・改善）**では必要に応じて、改善するための処置を行います。

PDCAサイクルは単一のプロセス（たとえば部門活動）にも品質マネジメントシステム全体（たとえば全社活動）にも適用できます。

■ ISO 9001におけるPDCAサイクル

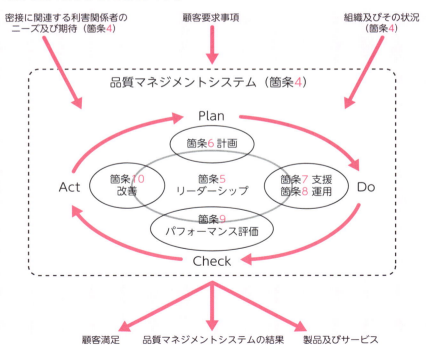

● 0.3.3 リスクに基づく考え方

「リスク」は「不確かさの影響」と定義されています（P.69参照）。品質マネジメントシステムでは、「意図した結果」に対するリスクを考えます。たとえば、異常気象、嗜好変化、為替変動、法改正などの外部状況や、設備の老朽化や整備不良（による故障）、作業者の経験不足（による失敗）などの内部状況は、製品の品質保証や顧客満足に影響するリスクといえるでしょう。

品質マネジメントシステムでは、**外部状況や内部状況を明確にし**、計画段階でそれらの状況を考慮したリスクの大小に応じて（リスクに基づく考え方）、その**影響を低減するような活動を計画し、実行します**。

リスクに基づく考え方は、予防処置や不適合の再発防止のための取り組みなどの要求としてISO 9001:2008に含まれていましたが、2015年の改訂で明確化され、マネジメントシステムを計画して実行する活動全体に含まれるようになりました（ISO 9001 附属書AのA.4参照）。

■ リスクに基づく考え方

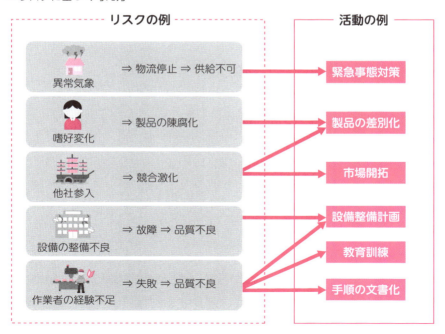

Chapter 1　ISO 9001とは

06　ISO 9000ファミリー規格

ISO 9001と関係する規格、及びISO 9001要求事項を超えて進んでいく組織のための支援情報を提供します。

● 0.4 他のマネジメントシステム規格との関係

　ISO 9001による品質マネジメントシステムを運用する組織に対する支援情報や、ISO 9001の要求事項を超えて進んでいくための手引を提供するものとして、ISO 9000ファミリー規格が開発されています。

　ISO 9001と深く関係する規格にはISO 9000「品質マネジメントシステム－基本及び用語」、また、ISO 9001要求事項を超えて進んでいくためのISO 9004「組織の持続的成功のための運営管理－品質マネジメントアプローチ」があります。

　おもなISO 9000ファミリー規格は次のようなものがあります。

ISO 9000「品質マネジメントシステム－基本及び用語」

　ISO 9001を理解して実施するための基本事項を定めたもので、ISO 9001で用いられる用語の定義も掲載されおり、ISO 9001において箇条2及び箇条3で引用規格となっています。

ISO 9001「品質マネジメントシステム－要求事項」

　品質マネジメントシステムを構築し、運用し、維持し、改善するための要求事項を定めています。

ISO 9004「品質マネジメント－組織の品質－持続的成功を達成するための指針」

　組織の全般的なパフォーマンスの改善について取り組むための手引です。

ISO 10001「品質マネジメント－顧客満足－組織における行動規範のための指針」
ISO 10002「品質マネジメント－顧客満足－組織における苦情対応のための指針」
ISO 10003「品質マネジメント－顧客満足－組織の外部における紛争解決のための指針」
ISO 10004「品質マネジメント－顧客満足－監視及び測定に関する指針」
ISO 10008「品質マネジメント－顧客満足－企業・消費者間電子商取引の指針」

以上5つは、顧客満足の向上に関する一連の手引です。

ISO 19011「マネジメントシステム監査のための指針」

監査プログラムをはじめとするマネジメントシステム監査の計画、実施、監査員の力量及び評価についての手引です。

■ ISO 9000ファミリー規格　　　　　　　　　　　　　2023年7月現在

ISO番号	規格内容	JIS規格
ISO 9000:2015	品質マネジメントシステム－基本及び用語	JIS Q 9000:2015
ISO 9001:2015	品質マネジメントシステム－要求事項	JIS Q 9001:2015
ISO/TS 9002:2016	品質マネジメントシステム－ISO 9001の適用に関する指針	JIS Q 9002:2018
ISO 9004:2018	品質マネジメント－組織の品質－持続的成功を達成するための指針	JIS Q 9004:2018
ISO 10001:2018	品質マネジメント－顧客満足－組織における行動規範のための指針	JIS Q 10001:2019
ISO 10002:2018	品質マネジメント－顧客満足－組織における苦情対応のための指針	JIS Q 10002:2019
ISO 10003:2018	品質マネジメント－顧客満足－組織の外部における紛争解決のための指針	JIS Q 10003:2019
ISO 10004:2018	品質マネジメント－顧客満足－監視及び測定に関する指針	－
ISO 10005:2018	品質マネジメントシステム－品質計画書の指針	－
ISO 10006:2017	品質マネジメントシステム－プロジェクトにおける品質マネジメントの指針	2019/04廃止
ISO 10007:2017	品質マネジメント－コンフィギュレーション管理の指針	－
ISO 10008:2022	品質マネジメント－顧客満足－企業・消費者間電子商取引の指針	－
ISO 10012:2003	計測マネジメントシステム－測定プロセス及び測定機器の要求事項	JIS Q 10012:2011
ISO 10013:2021	品質マネジメントシステム－文書化した情報に関する手引	－
ISO 10014:2021	品質マネジメントシステム－質の高い結果を得るための組織の運営管理－財務的及び経済的便益を実現するための手引	－
ISO 10015:2019	品質マネジメント－力量マネジメント及び人々の能力開発のための指針	－
ISO 10017:2021	品質マネジメント－ISO 9001:2015のための統計的手法に関する指針	－
ISO 10018:2020	品質マネジメント－人々の参画の指針	－
ISO 10019:2005	品質マネジメントシステムコンサルタントの選定及びそのサービスの利用のための指針	JIS Q 10019:2005
ISO 19011:2018	マネジメントシステム監査のための指針	JIS Q 19011:2019

ISO 9001認証取得状況

ISO（国際標準化機構）が2022年9月に公表した「ISOサーベイ2021」（https://www.iso.org/the-iso-survey.html）によると、2021年の全世界でのISO 9001の認証取得件数は1,077,884件です（前年比18％増）。
国別では、中国が426,716件と1位で全体の40％を占めており、次いでイタリア（92,664件）、ドイツ（49,298件）、日本（40,834件）となっています。日本は1990年代から急増して2006年に最多の80,518件となり、それから徐々に減少してきています。一方、中国は直近10年で1.65倍に増えています。10年前の2011年には、中国258,830件、イタリア142,853件、日本56,912件、ドイツ49,540件でした。

■ ISO 9001 認証取得組織数の国別状況（2021年）

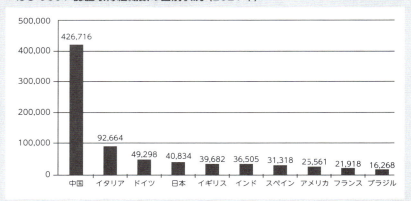

なお、JAB（公益財団法人日本適合性認定協会）のWebサイト（https://www.jab.or.jp/system/iso/statistic/iso_9001.html）では、日本のISO 9001認証取得件数や都道府県別、産業分野別などのデータを公開しています。JABによると、国内でもっともISO 9001を取得している産業は建設の19％、次いで2位が基礎金属、加工金属製品の17％、3位が電気的及び光学的装置の9％となっています。
ISO 9001はあらゆる産業分野の品質マネジメントシステムに汎用的に用いられる規格ですので、分野によっては対応が不十分になることもあり得ます。そこで産業分野に固有の要求事項を盛り込んだセクター規格があります。
たとえば、航空宇宙防衛分野のJIS Q 9100、自動車分野のIATF 16949、医療用具分野のJIS Q 13485、電気通信分野のTL 9000がありますが、ISO 9001をベースに各産業分野に固有の要求事項を追加したものです。

ISO認証制度と認証の受け方

品質マネジメントシステム構築のステップは、ISO規格の要求事項に従って行います。ここではISO認証を受けるまでの流れと、組織が行うべきことを説明します。ISO認証は、認証機関への申請手続きを行い、審査を通過することで認証登録することができます。

Chapter 2　ISO認証制度と認証の受け方

07 品質マネジメントシステムのロードマップ

組織がISO 9001の認証を登録すれば、顧客や取引先に対して優れた品質マネジメントを行っていることを証明することができます。受審のために、組織はどういう手順で進めていけばいいのでしょうか。

● 品質マネジメントシステムの整備

品質マネジメントシステムは、ISO 9001規格の要求事項に従って次のようなステップで構築します。

(1) 状況の把握

限られたマンパワーや時間の中で品質マネジメント活動を有効なものとするためには、組織の置かれた状況に対して適切な活動を行いたいものです。そこでISO 9001規格の4.1、4.2に要求されているように、まず**組織の状況**として、下記について明確にします。

①**組織外部及び組織内部の課題**（Sec.18参照）
②**顧客や原材料供給者などの利害関係者からの要求事項**（Sec.19参照）

(2) 適用範囲の決定（Sec.20参照）

次に組織は、明確になった組織の状況を考慮して、どの製品及びサービス、あるいはどの活動場所について、ISO 9001要求事項を適用する品質マネジメントシステムを構築するのか、すなわち適用範囲を決定します【関連4.3】。

(3) 責任体制の決定（Sec.21参照）

適用範囲を決めたら、その範囲内で組織の製品及びサービスを提供する業務を推進する責任者、品質マネジメントシステムを構築するための責任者、必要に応じて事務局担当者などを決めます【関連4.4】。

(4) プロセスの整備（Sec.21参照）

それぞれの責任者の下で、組織の製品及びサービスを提供する業務（プロセス）について、インプット・アウトプット、プロセス間のつながり、プロセスの管理基準などを決めていきます【関連4.4】。

(5) 文書類・記録類の整備（Sec.21参照）

整備されたプロセスを確実に実施し、実施したことを証明するためには、必要なことを"文書化"して見えるようにしなければなりません。ISO 9001規格では、これらの文書類・記録類を総称して「文書化した情報」と呼んで、必ず作成が求められる場合は個別の要求事項に記載してあります。

整備された品質マネジメントシステムについて第三者認証機関によるISO 9001認証審査を受けるためには、整備構築した品質マネジメントシステムの中で**取組む活動を計画し、計画した活動を実施（運用）し、運用実績を評価して改善した**という証明となる文書を整備し、品質マネジメントシステムのPDCA活動の実績を示せるように準備しておく必要があります。

■ 品質マネジメントシステムのISO認証審査までのフロー

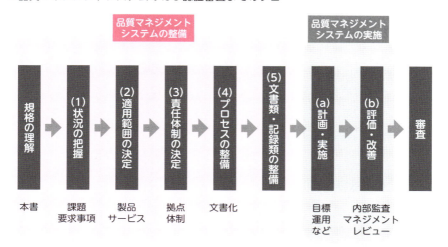

● 品質マネジメントシステムの実施

品質マネジメントシステムを整備できたら、PDCAを実施しながら品質マネジメントシステムを改善していきます。ISOの登録審査を受けるには**少なくとも1回のPDCAを実施しておくことが必須条件**です。

(a) 計画・実施（Sec.09、10参照）

整備した品質マネジメントシステムの中で、顧客に対して製品及びサービスを提供する活動を行います【関連箇条7、8】。また、4.1及び4.2で明確になった組織の状況を考慮して、組織が提供する製品及びサービスの品質を確保し、顧客に満足してもらうために取組む活動（品質目標など）を計画し【関連箇条6】、製品及びサービスを提供する活動の中で実施（運用）します【関連箇条7、8】。

活動計画においては品質目標をはじめとする各種の計画文書を作成し、実施（運用）する際にも、各種の運用のための文書を作成して活動し、活動した証拠として各種の記録を残します。

(b) 評価・改善（Sec.11参照）

品質マネジメントシステムの各種活動の実施結果を計画と比較して評価し【関連箇条9】、品質マネジメントシステムを継続的に改善していきます【関連箇条10】。品質マネジメントシステムの評価の方法には、対象を決めて監視・測定した結果を分析して評価する方法、内部監査による評価方法、マネジメントレビューによる総合的な評価方法があります。評価によって、さまざまな改善の機会に取り組み、不適合を是正し、品質マネジメントシステムの継続的改善を目指します。

● 認証登録審査の受審

品質マネジメントシステムを整備し、PDCA活動の実績を準備（それを証明する必要な文書の整備）ができれば、次のステップは、第三者である認証機関による審査を受けることによって、その品質マネジメントシステムがISO 9001規格の要求事項に適合していることを証明してもらいます。このような

第三者機関によるISO 9001規格要求事項への適合の証明を"認証"といいます。認証を受けることで、はじめて組織はISO規格への適合を公式に宣言できることになります。ISO認証制度については、Sec.12で説明します。ISO 9001の日本の認証機関はP.52を参照してください。

認証登録審査を受けるための手続きについては、Sec.13で詳しく説明します。審査を受けるためには、ISO 9001規格の要求事項に沿ったPDCAの1回分、すなわち、**計画から運用、内部監査とマネジメントレビューまでの実績を示せるように証拠（必要な文書、現場の人々の実践行動）を揃えておく**必要があります。

● 認証登録後の維持

認証登録審査に合格するとISO 9001適合組織として認証登録されます。日本適合性認定協会（JAB）の認定を受けた認証機関で認証登録されると、JABのホームページの「適合組織検索」で組織名や適用範囲などの登録情報を検索することができます。その結果、ISO 9001に適合した品質マネジメントシステムを持つ組織であることを公表できます。また、認証ロゴマークを使用することができ（P.50参照）、CSR活動などでそれを外部にアピールできるようになります。しかし、組織の品質マネジメント活動がそこで終わるわけではありません。ISO 9001の要求に従って、組織の品質マネジメントシステムでPDCAを実践し、**品質マネジメントシステムを継続的に改善する**ことによって、ISO 9001の意図した結果である「品質保証」と「顧客満足」の向上を追い求めていくことが求められます。

ISO 9001認証登録の有効期間は3年間です。毎年サーベイランス審査（維持審査）があり、3年ごとに再認証審査（更新審査）を受けて、**再認証を繰り返しながら認証登録を維持**していかなければなりません。その間、システムの継続的な改善と同時に、登録の維持・更新に向けて準備を進めます。これらの定期審査とは別に、顧客のフィードバックなどの機会に応じ臨時審査を受けることもできます。また、組織の拡大や市場の変化に応じて、ISO 9001の**認証範囲（製品及びサービスや事業所など）を拡大していく**ことも考えられます。認証登録後の維持については、Sec.14で解説します。

Chapter 2　ISO認証制度と認証の受け方

08 品質マネジメントシステムの構築

ISO規格の要求事項は、品質マネジメントシステムを構築する際のヒントを与えています。組織の状況にふさわしい適用範囲を決めて、組織の状況に適切な改善活動をはじめましょう。

◉ 組織の状況を把握する

　品質マネジメントシステムで成果を出すためには、何のために品質マネジメントシステムで改善活動するのかを明確にしておくことがとても重要です。ISO 9001は、組織の状況（すなわち外部及び内部の課題、顧客などの利害関係者からの要求事項）を明確にして**品質マネジメントの適用範囲を決定**し、**品質マネジメントシステムを確立**することを要求しています【関連箇条4】。組織の状況に応じて適切な品質マネジメント活動を行うことが成果を出すポイントです。

■ 組織の状況を明確にする

外部の課題
市場の動向　　嗜好の変化
開発競争の激化　資源の枯渇
原燃料の高騰　　法改正
規制強化　　　　環境問題
少子高齢化

利害関係者
顧客、外部提供者、規制当局
近隣社会、株主、従業員

組　織

要求事項

内部の課題
新製品の開発　　新技術の開発
人材の育成　　　技術の伝承
ブランド　　　　コストダウン
社会的責任

組織の状況の明確化は、適用範囲を決定し、活動計画を策定する前提となる

036

● トップマネジメントの役割

　品質マネジメントシステムにおいては、トップマネジメントが品質マネジメントシステムの**方針や目標を策定**して、組織全体が同じ方向を向いて活動できるようにリーダーシップを発揮することも成果を出すためのポイントになります。品質マネジメントシステムでは、製品及びサービスを顧客に提供するために、また策定した方針や目標をかなえるために、トップマネジメントが**適切な機能（部門）に役割を分担して責任と権限を与えます**。品質マネジメントシステムの管理責任者を任命するかどうかをトップマネジメントが判断して決定します（P.102参照）。トップマネジメントはこれらの機能がうまく活動して成果を出せるように、強いリーダーシップを求められています【関連箇条5】。

■ トップマネジメントの役割

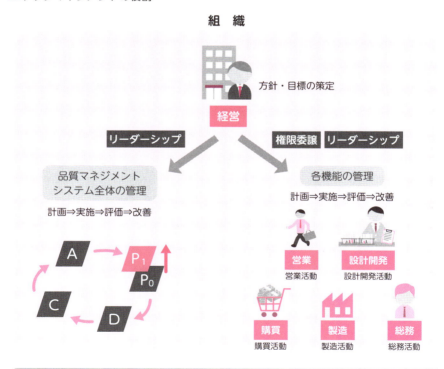

責任体制を決定したら責任に応じて権限を委譲し、リーダーシップを発揮して組織をけん引する

Chapter 2　ISO認証制度と認証の受け方

09 品質マネジメントシステムの計画

品質マネジメントシステムは、製品及びサービスの意図した結果（品質保証と顧客満足）を達成するために、組織の状況から想定されるリスクに対処する計画を立てます。計画の適切さはシステムの成否につながります。

● 活動計画を立てる

　品質マネジメントシステムの体制が整備できたら、それを運用することによって提供する製品及びサービスの品質を保証し、顧客満足を向上するための活動をはじめます。活動の最初は**活動計画**を立てることです（Plan）。

　活動計画の1つは組織の置かれた状況、すなわち内部・外部の課題や利害関係者からの要求（P.36参照）に基づいて、製品及びサービス提供における品質保証や顧客満足を阻害するさまざまな**潜在的なリスクを顕在化しないような対応策**を選びます。さらに活動計画のもう1つは、同様に**組織の状況をよりよくするために取り組むこと（機会）**を選びます。これらのリスク及び機会への取組み（右ページ表参照）を計画することによって、品質マネジメントシステムの達成目標を明確にします。この際、規格が要求する"組織の状況を考慮し"計画していることが一目でわかる計画表にまとめます。一般的な計画表の様式例をP.112（年度計画）に示します。品質マネジメントシステムの活動計画は、以下のような攻めの活動（①）と守りの活動（②③）をバランスよく組み合わせるようにします。

①品質マネジメントシステムを改善するための品質目標（改善活動）
　　例：新製品開発、人材育成、設備更新、購買先開拓、作業改善など
②製品及びサービスの品質を確保するためのプロセス管理【関連箇条8】
　　例：管理体制構築、購買管理、作業標準化など
③品質維持目標（維持活動）
　　例：人材確保、設備維持など

活動計画には、リスクと機会から優先度の高いものを選んで、それに対する取組みと方法を具体的に決定します。その実施時期と期限、責任部署、取組み結果の評価方法についても明確にしておきます。

■ 品質マネジメントシステムの活動計画

■ リスク及び機会への取組み例

課題・要求		計画	
^	^	取組み	方法
外部	競合激化	新製品開発	開発計画
^	^	販売戦略	販売戦略など
^	^	コストダウン	合理化計画など
^	^	他社提携	提携契約など
^	法規制強化 コンプライアンス	管理体制構築	組織整備・手順整備・教育
^	少子高齢化	人材確保	採用・育成・契約
内部	人材確保	人材採用	採用計画
^	^	人材育成	教育計画
^	設備整備	設備更新	投資計画
^	^	設備維持	メンテナンス計画
^	原料管理	購買管理	購入計画、管理計画
^	^	購買先開拓	開拓計画
^	作業管理	作業標準化	手順の文書化
^	^	作業改善	改善活動

Chapter 2　ISO認証制度と認証の受け方

10 品質マネジメントシステムの実施

品質マネジメントシステムの実施とは、運用のために必要な資源をはじめとする支援体制を整備する活動とともに、整えられた支援体制を用いて顧客要求を満たした製品及びサービスの提供する運用活動を指します。

● 支援体制を整える

　プロセスを運用するための支援体制の整備は、品質マネジメントシステム実施の第一歩です。右ページの図に示すように、品質マネジメントシステムは、顧客に製品及びサービスを提供する主要プロセスに加えて、マネジメントシステム全体を管理するマネジメントプロセス、そして**主要プロセスの運用を支える支援プロセス**よりなります。

　主要プロセスを構築するときに、各プロセスが有効に運用できるように、トップマネジメント及び権限を委譲された各プロセスの責任者は、必要に応じて経営会議などの承認を得て、箇条7の下記の要求に従って支援体制を整備し、確立します。

①資源【関連7.1】

　プロセスの運用に必要な資源（要員、インフラストラクチャ、作業環境、測定機器、知識）を揃えます。インフラストラクチャは製造設備のほか情報管理のグループウェアなども含まれます。これらの資源については「一覧表」などでリスト化し、維持管理の方法を明確にしておくとよいでしょう。

②要員の力量【関連7.2】

　要員に必要な力量を「力量表（スキルマップ）」「資格者一覧表」などに明確にし、必要に応じて「教育訓練計画」を立てて教育訓練などで要員に力量をつけます。

③要員の認識【関連7.3】

　教育訓練やコミュニケーションを通じて要員に必要な認識を持たせます。

④**組織外部・内部のコミュニケーション**【関連7.4】

　規格の要求に従って、組織と外部、組織内部の情報伝達のしくみを作ります。文書は組織の規模や業務内容の複雑さに応じて体系的に整備します。

⑤**文書化した情報（文書・記録）**【関連7.5】

　運用に必要な文書と実施した証拠を残す記録の書式を作ります。

　品質マネジメントシステムの支援体制の整備は、顧客に提供する製品及びサービスの品質を確保する上で重要度の高い活動の1つとされています。従って、資源管理や力量管理などでは製品及びサービスの品質保証と顧客満足向上に必要となる支援の計画を立ててそれらをしっかりと管理します。

■ 品質マネジメントシステムの支援体制

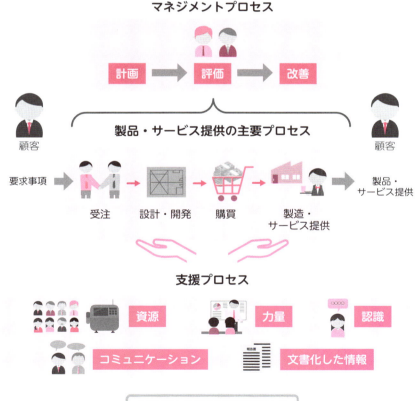

● プロセスを運用する

　品質マネジメントシステムのもう1つの実施活動は、前ページの図に示した「製品・サービス提供の主要プロセス」を実際に運用することを意味しています。組織は、顧客からの引合い（インプット）に対して提供する製品及びサービス（アウトプット）の品質を確保するために、あらかじめ計画しておいた主要プロセスを運用します。製品及びサービスを提供するための主要なプロセスは、顧客から**受注するプロセス**、過去に提供経験のない製品及びサービスを**設計・開発するプロセス**、必要なものを外部から**購買するプロセス**、製品の**製造またはサービスを提供**するプロセスより成り立っています。

　各プロセスに入ってきたインプットに対して、あらかじめ計画していたプロセスの責任者及び要員が、計画していたインフラストラクチャや作業環境を使用して、計画していた手順や方法を用いてアウトプットを出します。

● プロセスの運用を管理する

　各プロセスが品質マネジメントシステムの計画に従って適切に運用されたかどうかの管理もシステム運用の一環です。あらかじめプロセス、並びに製品及びサービスに対する結果の良し悪しを判断するための**プロセスの評価基準**、並びに**製品及びサービスの合否判定基準**を計画しておきます。プロセスを運用しながら「受入検査」「製品検査」などの適切な段階でプロセスから得られた結果を、その基準に照らして評価します。さらに、検査結果を分析して検討を重ねることで、プロセスが適切に実施されたか、計画そのものが妥当であったかどうかを評価します。プロセスの評価基準や製品・サービスの合否判定基準は、いわばプロセスの品質目標です。これらの**基準の向上を、品質マネジメントシステムの改善活動の指標とする**ことがあります。

　製品及びサービスを提供する主要プロセスの例を右ページ下に示します。たとえば購買プロセスでは、購買担当者が手順書に従って発注業務を行い、その発注記録を残し、納品時には発注記録と照合し、検品して記録を残します。納品内容に相違があれば仕入先に連絡し、必要な処置を行って解決に至るまでの記録を残します。購買プロセスの管理は、購買品の品質、すなわちこのような

納品内容の相違件数や相違内容を基準として**購買先の再評価**を行います。必要なときには**購買の手順書の見直し**を行います。また、購買プロセスにおいてコストダウンの計画があった場合には、その数値目標に対しても運用・管理を行います。

■ 製品・サービス提供の主要プロセス

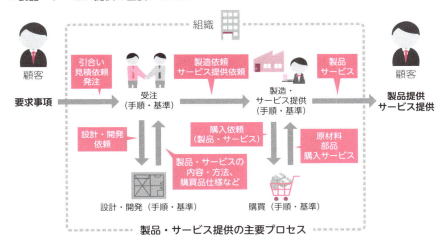

製品・サービス提供の主要プロセス

■ 主要プロセスのインプット・アウトプット・評価基準の例

プロセス	担当者	支援の文書	インプット	アウトプット	プロセスの評価基準
受注	営業担当者	受注フロー	顧客情報（注文書など）	受注・契約（契約書、依頼書）	売上高、新規顧客率
購買	購買担当者	購買手順書	購買情報（購買依頼書など）	購買製品（発注書、納品書）	購買品の品質
設計・開発	設計・開発担当者	設計・開発フロー	製品要求事項（設計依頼書など）	仕様書、図面	設計・開発期間
製造	製造担当者	製造手順書	原材料・資材・情報（生産依頼書など）	製品（日報、検査記録）	製品合格率
サービス提供	サービス担当者	サービスマニュアル	顧客ニーズ（サービス依頼書など）	サービス（記録）	サービス合格率

（ ）内は品質マネジメントシステムにおけるインプット・アウトプット（文書化した情報）

Chapter 2　ISO認証制度と認証の受け方

11 品質マネジメントシステムの評価と改善

品質マネジメントシステムは、計画に対して実施した結果を適切に評価し、必要に応じて品質マネジメントシステムを改善していくことによって有効に維持され、改善されます。

● システム運用の結果を評価する

　品質マネジメントシステムでは、その**運用した結果について適切な評価をして改善していく**ことが求められます。品質マネジメントシステムには、活動結果を評価する3つのしくみがあります。活動結果の監視・測定活動、内部監査、マネジメントレビューです。

■ 結果を評価する

監視・測定活動、内部監査・ISO審査で得た情報は、マネジメントレビューで評価される

活動結果の監視・測定

　組織、すなわちトップマネジメント及びプロセスの責任者は、監視・測定する対象とその方法と頻度を決定して運用中に情報を記録します。集まった情報は、評価方法と頻度を決めて評価します。品質目標の他、日常活動において発生するさまざまな結果の中で評価が必要な項目を対象とし、監視・測定の結果を記録しておきます。品質マネジメントシステムでは、顧客からのフィードバックなどから顧客満足を監視・測定し、分析・評価することがとくに求められています。

■ 監視・測定活動の内容

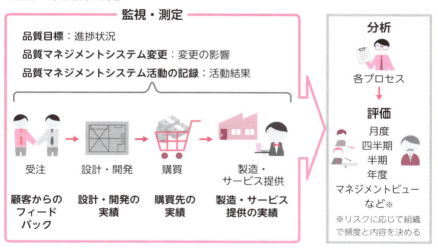

内部監査

　内部監査は、組織が自らの力でマネジメントシステムの活動結果を分析・評価し、改善の機会を見つけるしくみです（Sec.61参照）。

　トップマネジメントに代わって内部監査員が品質マネジメントシステムの実施状況を定期的に監査することによって、マネジメントシステムの適合性と有効性を評価します。内部監査の詳細な方法は、ISO 19011:2018「マネジメントシステム監査の指針」に従います。

・監査員の選定と力量の確保

　内部監査を行うために、組織内で内部監査責任者を決定します。実効性を保つためには、被監査部門責任者に対等な立場の人がよいでしょう。そして責任者を中心に監査の実施を担当する内部監査員を選定します。**内部監査員は客観性及び公平性を確保する**ように（可能な限り自らの業務を監査することのないように）します。

　内部監査員の力量はマネジメントシステムの有効性に直結します。組織に監査部門があればその人間が役割を担うこともできますが、そうでなければ選定された人に対して**監査についての教育訓練を行う**ことが必要です。こうして編成された人員で内部監査体制を確立します。

・監査プログラムの策定と計画書の作成

　内部監査責任者は監査プログラムを策定します。**監査プログラムは、頻度、方法、責任、計画要求事項、報告を含む、監査の手順を定めたもの**です（P.192参照）。同時に各監査について、監査基準・監査範囲を定めます。

　また、トップマネジメントや品質マネジメントシステム管理責任者の定める内部監査の目的に応じて、**年間の内部監査計画書を作成**します。計画は被監査部門に伝達し、いつどのような形で内部監査が行われるかを事前に承知してもらい、監査への対応を求めます。計画において選定された内部監査員は、限られた時間で最大限の効果を得るために、あらかじめ監査プログラムでその目的や監査範囲を確認しておきます。

・内部監査の準備と実施

　年度計画に従って各部門の監査を実施します。担当の内部監査員は、関連する品質マニュアルや品質マネジメントシステムの文書類などを確認して"監査のポイント"を絞り込んだ内部監査の**チェックリストを作成**して内部監査の準備をします。内部監査員は、被監査部門と調整して実施日時を決定し、当日の実施プログラムを連絡します。

　実施においては、チェックリストに基づいて、**文書化された情報の確認**のほか、**現場での活動の観察、被監査部門の担当者への面談**などを行い、必要な情報を集めます。被監査部門の"改善"につながる活動として、実施に伴って見

えてきたチェックリストに記載していない内容に対しても調査を行います。

・監査の報告とフォローアップ

　監査で得られた情報から、監査員は監査結果を**「内部監査報告書」**としてまとめます。報告書は被監査部門とともに、トップマネジメントや関連する管理層に伝達されます。不適合及び不適合につながる改善の機会があった場合は、指摘事項を報告書にします。

　不適合及び改善の機会の報告書を受けた被監査部門は、修正処置と、必要に応じて改善する処置（是正処置）を行います。その後、内部監査員は**フォローアップ監査を行い、修正処置・是正処置について評価**を行います。フォローアップ監査は次回の計画監査の際に行う場合もあります。

● マネジメントレビュー

　マネジメントレビューは、監視・測定や内部監査・ISO審査によって得られた情報をもとに、品質マネジメントシステムの改善に向けた指示を出すトップマネジメントによって行われる分析・評価のプロセスです（Sec.62参照）。マネジメントレビューは、その目的に応じて年度、半期、四半期、月度などに実施します。各期間の品質マネジメントシステムの運用結果（パフォーマンス）を評価して次の期間の活動計画を立てるための指示や方向づけを行います。

　マネジメントレビューの具体的な方法としては、規格要求事項にある各種のインプット情報をプロセスや機能部門の責任者が**報告書や会議でのプレゼンテーション**などの形でトップマネジメントに報告し、報告を受けたトップマネジメントがプロセスや機能部門に対して**次のアクションについて指示をします**（アウトプット）。

　たとえば、生産部門の生産状況や営業部門の販売状況を月度報告書にまとめ、経営会議もしくは生産会議や営業会議で社長に報告することによって、社長から次月度のアクションについて指示を受けます。マネジメントレビューの記録として、各種インプット資料のほかに**社長指示事項や会議での協議事項などを議事録に残します。**

● 品質マネジメントシステムを改善する

　ここまで説明した監視・測定・分析・評価、内部監査、マネジメントレビューのしくみを通じて、顧客要求事項を満たし、顧客満足を向上するために改善の機会を明確にして取り組みます。改善の機会には、**製品及びサービスの改善**、あるいは**品質マネジメントシステムの改善**があります。

　製品及びサービスの要求事項に対する不適合、品質マネジメントシステムの要求事項に対する不適合があった場合には、「修正処置」「是正処置」と呼ばれる処置をとります。**「修正処置」は、品質マネジメントシステムの要求事項やISO 9001要求事項に対して適合していないとことを修正**してそれぞれの要求事項に適合しているようにする処置のことです。修正処置では不適合の原因がそのまま残っていますので、修正処置だけでは同じ不適合を再発する可能性が残ります。一方、**「是正処置」は不適合の原因を究明して取り除くこと**によって同じ不適合の再発を防止するものです。

　継続的改善は、これらの改善の機会や修正処置・是正処置に取組むことによって、品質マネジメントシステムを継続的に改善していく活動のことをいいます（Sec.64参照）。

■ 不適合の処置

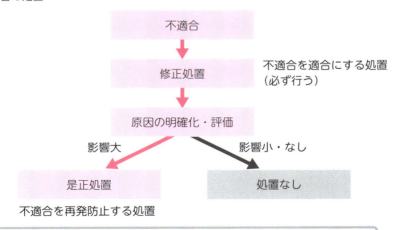

● 再発防止には「なぜなぜ分析」を行う

　品質マネジメントシステムを運用していく中で、不適合の再発防止対策（是正処置）を講じたにもかかわらず同じ不適合を再発することがよくあります。これは、不適合が発生した際の原因究明が不十分であったため、真の原因にたどり着いておらず、根本対策になっていないことを表わしています。

　不適合の真の原因にたどり着くためには、一般的に「なぜなぜ分析」がよいといわれています。不適合の原因について、なぜその原因が起きたのか（原因の原因）と"なぜ？""なぜ？"を繰り返して、マネジメントシステムのしくみの不備を探し出す方法です。この方法によってマネジメントシステムの不備を改善すると同じ不適合の再発を防止することができます。このように、発生した不適合についてひとつひとつマネジメントシステムを改善していくことも重要な活動です。

■ 不適合の真の原因を明らかにして再発を防ぐ

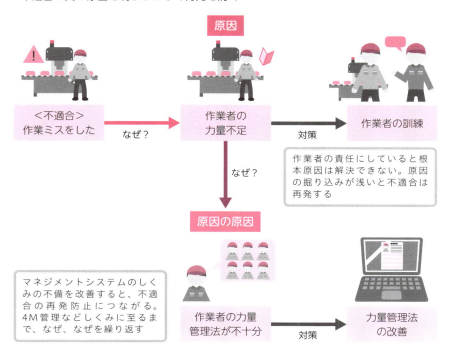

Chapter 2　ISO認証制度と認証の受け方

12 ISO認証制度

ISO認証制度は、組織の品質マネジメントシステムがISO 9001の要求事項を満たしていることを証明するための国際的なしくみです。各国の認定機関で「相互承認」制度を採用しており、認定を受けたすべての認証機関による認証は広く世界に通じます。

● ISO認証制度とは

　組織の品質マネジメントシステムに対するISO 9001認証は、原則1国に1機関ある認定機関から認定された審査登録機関（認証機関）によって与えられます。日本における認定機関は、**日本適合性認定協会（JAB）**であり、P.53の表に示す40の**ISO 9001認証機関**に認定を与えてISO認証制度を維持しています。

　認証機関は、認証機関の資格認定基準を満たす審査員を派遣して組織の品質マネジメントシステムを審査し、組織の品質マネジメントシステムがISO 9001規格の要求事項を満たしていれば（ISO 9001に適合）、ISO 9001認証を与えます。

　また、各国においてはISO認証制度による認定機関として、イギリスの英国認証機関認定審議会（UKAS）、アメリカの米国適合性認定機関（ANAB）などがあり、各国内で認証機関を認定し、各国内の組織に対して認証を与えています。「相互承認」制度は、認定機関の認定を受けた認証機関の出す認証が海外でも正式な認証として認められる制度であり、日本ではJABが他国の認定機関と「相互承認」をしていることから、**JAB認定を受けた認証機関によるISO 9001認証は、国際的にも有効**な証明になります。

　組織がISO 9001認証を与えられると、認証証明書（登録証）を受領するとともに、認証機関のロゴマークや認定機関のロゴマークを使用することが許可されます。**認証ロゴマークや認定ロゴマーク**は、会社パンフレットやホームページ、製品カタログ、名刺などに使用することができます。ロゴマークの使用方法に関しては、認証機関及び認定機関によって定められています。

■ ISO認証制度の組織体系

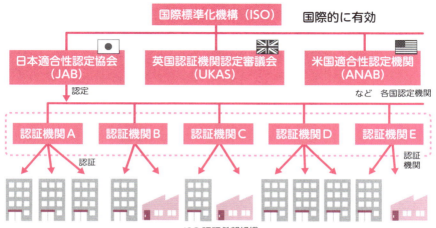

■ 認証証明書、ロゴマーク

認証証明書（登録証）

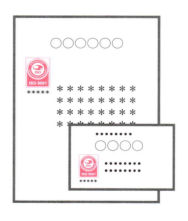

カタログや名刺など

● 認証機関を選ぶ

　組織がISO 9001の認証を受けるには、**認証機関による審査**を受ける必要があります（Sec.13参照）。ISO 9001認証登録のステップはP.55に示すとおりです。認証登録を希望する組織は、まず認証機関の情報収集や問い合わせを通じて**組織の状況に適した認証機関を選定します**。

　2019年7月現在、ISO 9001の審査機関として日本適合性認定協会（JAB）に登録されている認証機関は、右ページの一覧表に示す40機関あります。表中にある認定番号は、JABによる認定順序を表わしており、認定番号が大きいほどJAB認定を受けた時期が最近ということを示しています。

　マネジメントシステムは、将来長くお世話になる"住まい"のようなものですので、審査機関の選定にあたっては、登録・維持にかかる費用（P.54参照）だけでなく、審査機関の認証実績、審査方針、組織が属する業界の事情、組織が品質マネジメントシステム以外の他のマネジメントシステムを導入する可能性、組織が海外へ事業展開する可能性などを考慮して、組織の状況に合った認証機関を選ぶことが望まれます。

　認証機関の詳しい情報については、JABホームページ及び各認証機関のホームページを参照してください。

■ 日本適合性認定協会ホームページ（https://www.jab.or.jp/）

■ JAB認証機関　　　　　　　　　　　　　　　　　2023年7月現在

認定番号	名称	略称
CM001	日本規格協会ソリューションズ株式会社　審査登録事業部	MSED, JSA-SOL
CM002	日本検査キューエイ株式会社	JICQA
CM003	日本化学キューエイ株式会社	JCQA
CM004	一般財団法人　日本ガス機器検査協会　QAセンター	JIA-QA Center
CM005	一般財団法人　日本海事協会	ClassNK
CM006	日本海事検定キューエイ株式会社	NKKKQA
CM007	高圧ガス保安協会　ISO審査センター	KHK-ISO Center
CM008	一般財団法人　日本科学技術連盟　ISO審査登録センター	JUSE-ISO Center
CM009	一般財団法人　日本品質保証機構　マネジメントシステム部門	JQA
CM012	SGSジャパン株式会社　認証・ビジネスソリューションサービス	SGS
CM013	一般財団法人　電気安全環境研究所　ISO登録センター	JET
CM014	一般社団法人　日本能率協会　審査登録センター	JMAQA
CM015	一般財団法人　建材試験センター　ISO審査本部	JTCCM MS
CM017	一般財団法人　日本エルピーガス機器検査協会　ISO審査センター	LIA-AC
CM018	一般財団法人　日本建築センター　システム審査部	BCJ-SAR
CM019	DNV　ビジネス・アシュランス・ジャパン株式会社	DNV
CM020	一般財団法人　日本自動車研究所　認証センター	JARI-RB
CM021	株式会社　日本環境認証機構	JACO
CM023	公益財団法人　防衛基盤整備協会　システム審査センター	BSK
CM024	株式会社　マネジメントシステム評価センター	MSA
CM025	ペリー　ジョンソン　レジストラー　インク	PJR
CM026	一般財団法人　日本燃焼機器検査協会　マネジメントシステム認証センター	JHIA-MS
CM027	一般財団法人　ベターリビング システム審査登録センター	BL-QE
CM028	ドイツ品質システム認証株式会社	DQS Japan
CM029	一般財団法人　発電設備技術検査協会　認証センター	JAPEIC-MS&PCC
CM033	株式会社　国際規格認証機構	OISC
CM034	国際システム審査株式会社	ISA
CM038	アイエムジェー審査登録センター株式会社	IMJ
CM040	株式会社　ジェイ-ヴァック	J-VAC
CM042	ビューロベリタスジャパン株式会社　システム認証事業本部	BV サーティフィケーション
CM044	株式会社　ISO審査登録機構	RB-ISO
CM047	北日本認証サービス株式会社	NJCS
CM054	AUDIX Registrars 株式会社	AUDIX
CM058	中央労働災害防止協会　安全衛生マネジメントシステム審査センター	JISHA
CM059	ソコテック・サーティフィケーション・ジャパン株式会社	SOCOTEC

053

Chapter 2　ISO認証制度と認証の受け方

13　審査を受ける

ISO 9001の認証を受けるためには、認証機関に対して申請手続きを行い、審査までに必要な準備を行って審査を受けなければなりません。審査で不適合などの指摘を受けると、審査後に是正処置が必要になることもあります。

● 申請手続き、審査の準備

　組織がはじめてISO 9001認証を登録するときの初回認証審査のためのステップを右ページの図に示します。認証登録を希望する組織は、まず、認証機関（P.53参照）を選定し、その認証機関へと審査の申請を行います。

　申請手続きに必要な文書類は審査機関によって多少差があります。初回認証審査の申請書とともに認証機関が審査計画を立てるために必要な品質マネジメントシステムに関する文書類を要求されることがあります。従って、少なくとも**申請手続きをする時点では自力で、もしくはコンサルタント会社の支援を受けて品質マネジメントシステムを構築できている**ことが必要です。

　申請手続きを行う時期は、審査員の審査スケジュールの確保と審査のための準備期間を確保する必要がありますので、通常は、組織が審査を希望する時期の数カ月前になります。

　審査費用は審査機関によって多少の差がありますが、おおむね、

①**審査基本料金**
②**適用組織の人数にもとづく審査工数に伴う料金**
③**審査員の移動などのための料金**（実費）
④**その他の料金**（通訳、技術専門家などを用いる場合）

の合計になります。

　初回認証審査の申請手続きに関する詳細については、認証機関のホームページ、もしくは認証機関に直接問い合わせて相談してください。

初回認証審査の申請手続きに必要な文書は、下記になります。

- **初回認証審査申請書**
- **組織の適用範囲に関する文書**（組織、所在地など）
- **製品及びサービスの適用範囲に関する文書**
- **品質マネジメントシステムに関する文書**（マニュアル（ある場合）など）
  ※具体的な文書名は認証機関によって異なります。

■ 認証登録までのステップ

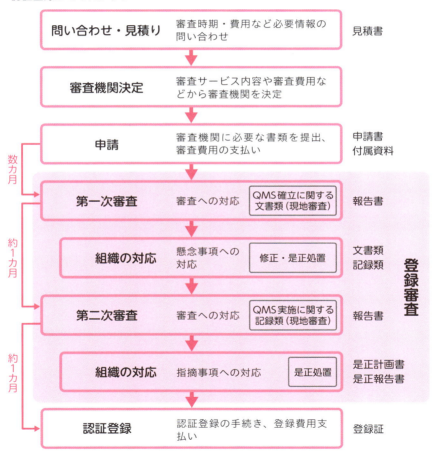

※QMS……品質マネジメントシステム

● 一次審査と受審後の対応

ISO 9001認証登録のための初回認証審査は、一次審査と二次審査があります。一次審査は、品質マネジメントシステムを規定したマニュアル（ある場合）、**組織体制や管理構造、製品及びサービスを提供するためのプロセスが整備されているか**の審査が目的です。

■ 一次審査で評価、確認される内容

評価	・品質マネジメントシステムの文書化した情報に不備・不足がないか ・内部監査やマネジメントレビューの実施状況または計画状況 ・組織が二次審査へ進めるかどうか
確認	・認証機関による二次審査の計画立案に必要となる組織の場所や審査員の移動方法などの組織固有の条件

審査は認証機関から派遣された審査員により、審査対象の組織のある場所（事業場や工場など）で行われます。申請時に提出した文書をもとに、**管理責任者あるいは相当する機能（部門）の代表者から審査員が話を聞く**（説明を受ける）形で進められます。例のように会議や面談、現場視認などが行われます。

■ 一次審査の例（対象人数10人）

時間	内容	担当者
9:00	初回会議	監査リーダー／管理責任者、部門長
9:30	品質マネジメントシステム概要： 組織、適用範囲、文書体系、内部監査、マネジメントレビューなど	管理責任者
12:00	昼休	
13:00	品質マネジメントシステム概要（続き）	管理責任者
14:00	部門概要	部門長
15:00	現場概要確認	部門長
16:00	最終会議準備	
16:30	最終会議	監査リーダー／管理責任者、部門長
17:00	終了	

対象者10人の組織の例では、審査員1人が1日で審査を行います（1人日）。審査工数は対象人数が増えると多くなります。初会議のあと、管理責任者（いる場合）がおもに審査対応し、部門長が部門概要の説明を行い審査員を案内して現場を観察させます。審査員は、すべての審査が終わると審査報告書をまとめます。最終会議でその内容を被審査組織に伝えて被審査組織の合意をとります。その監査報告書をもって認証機関に報告します。

　一次審査で、審査員が二次審査を受けるための準備が整っている、またはある程度の期間で整えることができると判断した場合には、審査員は審査機関へ二次審査移行への推薦を行い、審査機関の判定会が行われ、そこで**一次審査の約1カ月から6カ月後までに二次審査を行う計画が決定**されます。判定会の結果は、メールなどで組織に通知されます。

　一次審査でISO 9001要求事項や品質マネジメントシステム要求事項に適合していない事実が見つかると、"不適合"ではなく二次審査で不適合になる可能性のある**"懸念事項"**とされます。組織は"懸念事項"を受けても修正や是正して二次審査に進むことができますが、重大な"懸念事項"が見つかった場合には、一次審査のすべてまたは一部を繰り返すことになり、二次審査が延期または中止になる可能性もあります。

 審査に立ち会える人々

　一次・二次審査においては、組織と認証機関との合意により「オブザーバ」「技術専門家」「案内人」を設けることが認められています。オブザーバには、組織の中から内部監査員やリーダー層を参加させて力量向上に役立てたり、コンサルタントを加えて審査結果を改善活動に有効に活用するなどの目的があります。

■ 審査に立ち会える人々

オブザーバ※	審査に影響を与えてはならない見学者。組織の一員、コンサルタント、認定機関の要員など
技術専門家※	審査員に同行し、技術的な助言を与える専門家
案内人	審査が円滑に進むように審査員を案内する組織の要員。オブザーバと同様に審査に影響を与えてはならない

※審査の実施に先立って合意が必要

■ **一次審査と二次審査**

	一次審査	二次審査
審査の目的	・品質マネジメントシステム文書レビュー ・二次審査の準備状況の判定するための協議、準備状況の評価	・品質マネジメントシステム要求事項・規格要求事項・法規制・その他要求事項への適合性 ・品質マネジメントシステム有効性の評価
審査の対象	・品質マネジメントシステム文書	・品質マネジメントシステム文書・記録 ・現場 ・要員
審査の方法	・文書レビュー ・観察 ・インタビュー	・文書レビュー ・観察 ・インタビュー
対象者	・管理責任者または相当者 （・プロセスの責任者）	・トップマネジメント ・管理責任者または相当者 ・プロセスの責任者、要員
審査機関からの通知内容	二次審査の詳細計画	認証登録推薦
通知結果に含まれる可能性	・懸念事項	・不適合改善の機会 ・グッドポイント
組織の対応	・修正処置 ・是正処置	・修正処置 ・是正処置

● 二次審査と受審後の対応

　二次審査は、品質マネジメントシステムの**計画状況およびその実施状況を確認**することによってISO規格要求事項や組織の品質マネジメントシステムの**要求事項などへの適合性や有効性を評価**し、品質マネジメントシステムの認証可否について評価します。

　二次審査は、適用範囲の組織における現地審査で、やはり組織のある場所に審査員が派遣されて行われます。品質マネジメントシステムの機能（部門）やプロセスを審査しますので、**トップマネジメントをはじめ、おもに機能やプロセスの代表者**（部課長）またはその代理人（下位の役職者）が審査を受けますが、「認識」に関する要求事項や手順書などの運用状況については現場の作業者を審査することもあります。

　対象者10人の組織の例では、やはり審査員1人が1日で審査を行います（1人

■ 二次審査の例（対象人数10人）

時間	内容	担当者
9:00	初回会議	監査リーダー／トップマネジメント、管理責任者、部門長
9:30	トップインタビュー	トップマネジメント
10:00	品質マネジメントシステム概要： 組織、適用範囲、文書体系、内部監査など	管理責任者
12:00	昼休	
13:00	部門監査・現場監査	部門長
16:00	最終会議準備	
16:30	最終会議	監査リーダー／トップマネジメント、管理責任者、部門長
17:00	終了	

日）。審査工数は対象人数が増えると多くなります。初回会議のあと、最初にトップインタビューで運用結果の概要とマネジメントレビューなどでのトップの指示内容を確認し、品質マネジメントシステムの全体の実施状況を把握します。その後、管理責任者に品質マネジメントシステムの計画、内部監査の実施状況などの品質マネジメントシステム全般に関わるインタビューを行います。

　部門監査・現場監査では部門長、さらには必要に応じて現場の作業者へとインタビューの対象を広げていきます。第一次審査と同様に、審査員は監査報告書をまとめて最終会議で被監査組織に監査報告書の確認と合意をとり、認証機関に報告します。

　二次審査でISO 9001規格要求事項や品質マネジメントシステム要求事項に適合していない事実が見つかると"不適合"と判定され、組織は、審査機関の定める**期限内に是正処置報告書、または是正処置計画書を提出**しなければなりません。審査チームがそれらの是正処置報告書／計画書を妥当なものと判断した場合にはそれらを受理し、必要に応じて実施結果の検証を行います。二次審査の後、審査員の審査報告書または是正処置報告書／計画書を認証機関内で評価することによって認証登録の可否を決定します。

　登録が認められた場合は、審査後1カ月程度でメールなどで組織に通知されます。その後、組織は認証登録の手続きを行い、登録費用を支払うことによって、登録証が発行され郵送されます。

Chapter 2　ISO認証制度と認証の受け方

認証を継続する

ISO 9001の認証は、それを維持することによって、品質保証と顧客満足をより高いレベルで達成できるようになります。品質マネジメントシステムを継続的に改善し、顧客からの信頼を得て組織の事業活動に貢献することで真価を発揮します。

● 品質マネジメントシステムを継続的に改善する

　ISO 9001認証登録は品質マネジメントシステムの終着点ではなく、品質保証と顧客満足向上を目指して品質マネジメントシステムを継続的に改善していくための出発点です。

　品質マネジメントシステムを継続的に改善していくためには、PDCAを実践し、かつPDCAを有効に回さなければなりません。

■ 品質マネジメントシステムの継続的改善

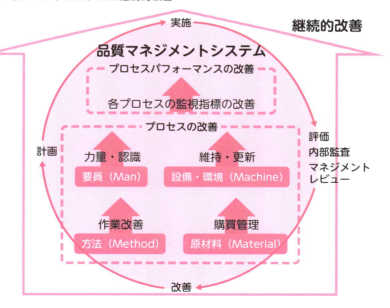

PDCAの実践とは、規格の要求に従って、組織の状況を把握し（箇条4）、リスク及び機会への取組みを計画し（箇条6）、運用のための支援体制を整え（箇条7）、組織の各機能（部門）で定められた事業プロセスを運用し（箇条8）、運用結果を評価し（箇条9）、改善していく（箇条10）というということです。

　ここで、PDCAが有効に実践されている状態とは、品質マネジメントシステムの運用結果によって次の計画が直前の計画よりもレベルアップできていることを指します。

　品質マネジメントシステムの運用によって、たとえば、資源の維持管理レベルの改善、要員の力量向上、コミュニケーションの円滑化、品質マネジメントシステム文書管理の改善といった支援体制の強化を含む**4Mを改善**したり、製品及びサービスを提供する各プロセスの監視指標を尺度として**プロセスを継続的に改善**することによって、内外の状況変化に対応することのできる頑健な品質マネジメントシステムの確立を目指します。

　このような品質マネジメントシステムの確立を目指すにあたり、品質マネジメントシステムの運用結果はプロセスの監視・測定によって得られるものもありますが、品質マネジメントシステムが有効に機能しているかどうかについての情報収集は内部監査によって行われるため、**内部監査が非常に重要な役割**を担っています。

■ 品質マネジメントシステムの改善による便益

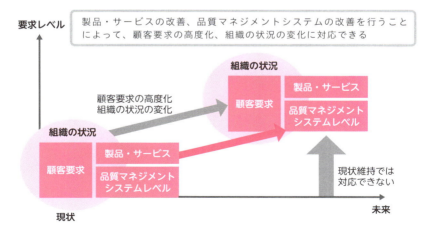

● 認証登録以降の各種審査

（1）認証登録を維持、更新するための定期審査（サーベイランス審査、再認証審査）

　認証登録後に組織は、以上のような改善を継続しながら、品質マネジメントシステムが健全に運用されている状況について、第三者である認証機関による審査を受けながら認証登録を維持していきます。ISO 9001認証登録の有効期間は3年間であり、少なくとも**年1回のサーベイランス審査（維持審査）**と、**3年ごとに再認証審査（更新審査）**を受けて再認証を繰り返しながら認証登録を維持します。

（2）認証範囲を拡大するための審査（拡大審査）

　組織の状況の変化にもとづいてISO 9001 **認証範囲の拡大**（製品及びサービスの適用範囲や認証サイト（場所）の拡大など）を希望する場合には、審査機関による拡大審査を受けることによって拡大することができます。拡大審査は、サーベイランス審査や再認証審査などの定期審査と同時に受けることもできますが、定期審査とは別の時期に臨時で受けることもできます。

（3）目的に応じた特別な審査（特別審査）

　各種審査の指摘事項に対する**是正処置のフォローアップ**のために、審査機関が特別に審査を設定した場合は受けなければなりません。また、**組織の目的（たとえばクレームの原因調査など）に応じて**審査機関との相談の上で、定期審査とは異なる時期に特別な審査を受けることもできます。

　サーベイランス審査や再認証審査については、あらかじめ審査の時期が決められている定期審査ですので、審査機関で審査員の確保が予定されており、手続きについても審査機関からの案内に従って審査の準備を進めることができます。
　一方、組織の希望によって臨時に行われる拡大審査と特別審査は、組織が希望する審査の内容と時期などを審査機関に前もって連絡しておき、審査機関に審査員を確保してもらうなどの準備をする必要があります。

■ サーベイランス審査、再認証審査

■ 拡大審査、特別審査

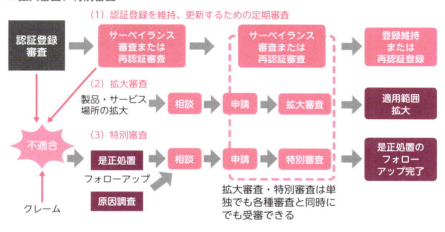

■ 各審査の時期と内容

種類	時期	内容
サーベイランス審査（維持審査）	毎年	認証登録の維持を評価します。必ずしも全面的な審査ではなく、3年間を1サイクルと考えて計画的に行われます
再認証審査	毎3年	認証登録の更新の可否を評価します。直近3年間の品質マネジメント全体のパフォーマンスについて現地審査、期間内のサーベイランス審査結果を含めて評価されます
拡大審査	必要時	対象範囲（製品及びサービス、場所、業務内容）を拡大するとき、臨時もしくはサーベイランス審査時に受けます
特別審査	必要時	サーベイランス審査や再認証審査などの計画された時期以外の必要時（たとえば苦情原因の調査や是正処置のフォローアップなど）に認証機関と日程などの審査条件を決定して受けます
複合審査・統合審査（参考）	毎年 毎3年	複数のマネジメントシステムを複合・統合して運用している組織に対して、サーベイランス審査や再認証審査を同時に実施します。複合・統合の程度に応じて審査工数が削減されます

(4) 複合審査・統合審査（参考）

　ISO 9001規格は2015年版の改訂でMSS共通テキストを採用しており、環境マネジメントシステムや情報セキュリティマネジメントシステムなどの**複数のマネジメントシステムを複合あるいは統合して運用する**ことがやりやすくなりました。"複合"とは複数のマネジメントシステムを単に組み合わせること、"統合"とは複数のマネジメントシステムを組み合わせたときに重複するしくみを1つにすることをいいます。

　ISOマネジメントシステム規格は複数ありますが、組織をマネジメントするためのしくみは本来1本にしたいところです。複数のマネジメントシステムを統合することは、組織のマネジメントシステム運用面で重複作業を減らせることや、相乗効果を期待できるなどのメリットがあります。また、ISOの審査においても**複合・統合の程度に応じて審査工数を削減できるメリット**があります。

■ 各種審査の範囲の詳細

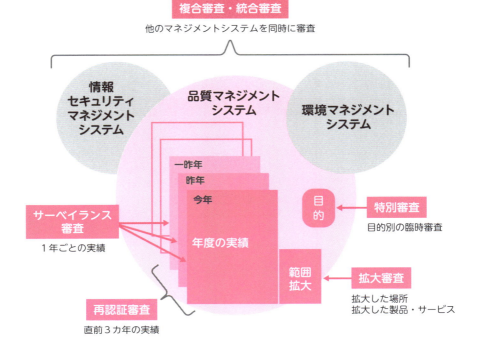

3章

ISO 9001規格の重要用語解説

ISO 9001では、用語の定義がそれぞれされています。各業種によって解釈が異なることのないよう、汎用性を持たせた定義を定めています。これらの用語を確認することで、ISO 9001規格の理解がより深まります。

Chapter 3 ISO 9001規格の重要用語解説

15 マネジメントシステム、品質マネジメントに関する用語

ISO 9001では、品質マネジメントシステムに関するさまざまな用語が使われています。ISO 9000ファミリー規格のおもだった用語の定義は、ISO 9000（JIS Q 9000）に定められています。本章では、重要な用語を抜粋して解説します。

● マネジメントシステム、品質マネジメントに関する用語の定義と解説

トップマネジメント（top management）
Q 9000 3.1.1 最高位で組織を指揮し、管理する個人又はグループ

　マネジメントは、一般的に経営、管理などの活動を表わしますが、人を指すこともあります。マネジメントシステムを構築する組織に応じて、**経営者、複数の人からなる経営層、事業部長や工場長など**を指します。トップマネジメントは、マネジメントシステムの中で最高の権限を持ち、方針及び目標を定め、組織内の関連する機能に適切に責任と権限を委譲し、必要な資源を提供することによって、目標を達成するために組織を指揮し管理します。

■ 品質マネジメントにおけるトップマネジメントと組織

※ Q 9000 3.0.0 …このアイコンの数字はJIS Q 9000:2015の「3 用語及び定義」での箇条番号です。

組織 (organization)

Q 9000 3.2.1 自らの目標を達成するため、責任、権限及び相互関係を伴う独自の機能をもつ、個人又はグループ

　注記には自営業者、会社、法人、事務所、企業、組織の一部もしくは組合せなどが例示されています。組織の一部の例としては事業所、事業部、工場、部門などがあります。

組織の状況 (context of the organization)

Q 9000 3.2.2 組織がその目標設定及び達成に向けて取るアプローチに影響を及ぼし得る、内部及び外部の課題の組み合わせ

　組織の状況は、いわゆる組織の経営環境や事業環境のことです。組織の状況は、マネジメントシステムの**適用範囲を決定するとき**、及びマネジメントシステムの**活動を計画するとき**に考慮しなければなりません。

利害関係者 (interested party)、ステークホルダー (stakeholder)

Q 9000 3.2.3 ある決定事項若しくは活動に影響を与えるか、その影響を受け得るか、又はその影響を受けると認識している、個人又は組織

　顧客、所有者、組織内の人々、提供者、銀行家、規制当局、組合、パートナー、社会などが例示されています。"顧客"は、消費者、依頼人、エンドユーザー、小売業者、内部プロセスからの製品またはサービスを受け取る人、受益者、購入者と例示されており、**組織内部の顧客**という**概念もあります**。"提供者"、"供給者"は、注記に製品またはサービスの生産者、流通者、小売業者または販売者と例示されており、**組織の外部の"提供者""供給者"を"外部提供者""外部供給者"**といいます。

プロセス (process)

Q 9000 3.4.1 インプットを使用して意図した結果を生み出す、相互に作用する一連の活動

　プロセスの"意図した結果"には、アウトプット、製品、サービスがあります。**必ずしも文書化する必要はありません**が、規格には文書化を要求しているプロセスもあります。注記5に、「結果として得られるアウトプットの適合が、容

易にまたは経済的に確認できないプロセスは、"特殊工程(special process)"と呼ばれることが多い」と記載されており、このようなプロセスの管理が8.5.1f)に規定されています（P.167参照）。

システム (system)
Q 9000 3.5.1 相互に関連する又は相互に作用する要素の集まり

システムとは、孤立した単独の要素ではなく、要素が集まって相互に関連または作用することによって全体として機能するものです。システムの概念は、情報システム、教育システムやシステムキッチンなどにも使われています。

マネジメントシステム (management system)
Q 9000 3.5.3 方針及び目標、並びにその目標を達成するためのプロセスを確立するための、相互に関連する、組織の一連の要素

プロセスは、マネジメントシステムの重要な構成要素ですが、他にもそのプロセスを構成する人や設備などの資源、管理方法を規定した手順、管理するための管理基準、改善するための目標などが構成要素として含まれます。

品質 (quality)
Q 9000 3.6.2 対象に本来備わっている特性の集まりが、要求事項を満たす程度

対象の例としては、**製品及びサービスだけでなく、プロセス、人、組織、システム、資源などの品質も含まれます**。また、本来備わっている特性とは、対象の中にあるものであり、たとえば、材料であれば材質や純度、形のあるものであれば形や寸法、サービスであればサービス内容です。

品質特性 (quality characteristic)
Q 9000 3.10.2 要求事項に関連する、対象に本来備わっている特性

人的要因 (human factor)
Q 9000 3.10.3 考慮の対象に影響を与える、人の特性

計量特性 (metrological characteristic)
Q 9000 3.10.5 測定結果に影響を与え得る特性

品質は対象に本来備わっているすべての特性の集まりを意味しているのに対

し、**品質特性は要求事項に関連する特性**を意味しています。また、人的要因は人によって運用される品質マネジメントシステムに重要な影響を与えます。そして計量特性は、測定結果に影響を与え得ることから"校正"の対象となり得る特性です。通常、測定機器は複数の計量特性を有しており、"校正"によって測定結果を確かなものにします。

■ 品質マネジメントの焦点

用語	活動の焦点
品質計画	品質目標を設定すること及び必要な運用プロセスを規定すること、並びにその品質目標を達成するための関連する資源
品質保証	品質要求事項が満たされるという確信を与えること
品質管理	品質要求事項を満たすこと
品質改善	品質要求事項を満たす能力を高めること

リスク（risk）

Q 9000 3.6.2 不確かさの影響

リスクは"将来悪いことが起こる可能性"のように認識されていますが、ISOでは、注記の「影響とは、期待されていることから、好ましい方向または好ましくない方向にかい（乖）離すること」のように、**好ましすぎることもリスク**と考えます。たとえば、計画から大幅に超えた引合い、生産要求、サービス要求は、組織に無理が生じるリスクと考えます。"不確かさ"とは、確かでないこと、すなわち注記の「事象、その結果又はその起こりやすさに関する、情報、理解又は知識に、たとえ部分的にでも不備がある状態」をいいます。

目標（objective）

Q 9000 3.7.1 達成すべき結果

品質マネジメントシステムの活動において達成を目指すものとして設定します。

※ ISO 9000に"機会（opportunity）"の定義はありませんが、その検討過程では、次のような内容であり、"時間、場面、資源を含んだ状況"のニュアンスです。
opportunity : possibility due to a favorable combination of circumstances
Note 1 to entry: Circumstances can include time, situation and resources.

Chapter 3 ISO 9001規格の重要用語解説

16 支援・運用に関する用語

品質マネジメントシステムにおける「7 支援」及び「8 運用」に関する用語です。これらの用語はすべて品質マネジメントシステムを組織として確立し、運用する活動に関わっています。

● 支援・運用に関する用語の定義と解説

インフラストラクチャ (infrastructure)
[Q 9000 3.5.2] 組織の運営のために必要な施設、設備及びサービスに関するシステム

7.1.3で詳しく述べます（P.118参照）。

作業環境 (work environment)
[Q 9000 3.5.5] 作業が行われる場の条件の集まり

注記には、温度や湿度、明るさなどの単に物理的な作業環境だけを対象とするのではなく、**表彰制度などの社会的なもの、業務上のストレスなどの心理的なもの、働く人の負荷を低減する人間工学的なもの、環境的なもの**も取り上げることが求められています。

力量 (competence)
[Q 9000 3.10.4] 意図した結果を達成するために、知識及び技能を適用する能力

品質マネジメントシステムを運用する上で非常に重要な要素です。7.2で詳しく述べます（P.126参照）。

文書化した情報 (documented information)
[Q 9000 3.8.6] 組織が管理し、維持するよう要求されている情報、及びそれが含まれている媒体

品質マネジメントシステムを規定するためのさまざまな**情報としての"文書"**

及び"記録"があり、それらが含まれる媒体があります。媒体には、紙、電子媒体、磁気媒体、光学媒体、現物（マスターサンプル）などがあります。"文書"は仕様書、記録、手順書、図面などを含む"情報"のことであり、これらの文書一式を"文書類"と呼ぶこともあります。"記録"は結果の記述や活動の証拠となる"文書"です。これらについては、7.5で詳しく述べます（P.132参照）。

要求事項（requirement）
Q 9000 3.6.4 明示されている、通常暗黙のうちに了解されている又は義務として要求されている、ニーズ又は期待

　顧客から明示されていなくても、注文した通りの製品及びサービスを受けること、製品に傷や故障のないことなどは、顧客満足を達成するために必要になります。要求事項は内容を明確にするために、製品要求事項、品質マネジメント要求事項、顧客要求事項、品質要求事項などの修飾語を用いることがあります。

フィードバック（feedback）
Q 9000 3.9.1 製品、サービス又は苦情対応プロセスへの意見、コメント、及び関心の表現

　よい意見（満足）もあれば悪い意見（苦情）もあります。

検証（verification）
Q 9000 3.8.12 客観的証拠を提示することによって、規定要求事項が満たされていることを確認すること

妥当性確認（validation）
Q 9000 3.8.13 客観的証拠を提示することによって、特定の意図された用途又は適用に関する要求事項が満たされていることを確認すること

　検証は、明確に規定された要求事項（インプット）を確認する活動ですが、妥当性確認は、必ずしも明確に規定されていない特定の用途または適用に関する要求事項を確認する活動であり、特定の用途または適用に関する知識が必要です。

■ 検証及び妥当性確認の対象

箇条	ISO 9001で対象となるもの	検証	妥当性確認
8.3.4	設計・開発の管理	○	○
8.4.2	外部から提供されるプロセス、製品及びサービス	○	
8.4.3	外部提供者先での実施を意図している	○	○
8.5.1c)	製造及びサービスのプロセスまたはアウトプット	○	
8.5.1f)	製造及びサービス提供に関するプロセスの能力		○
8.5.3	提供された顧客または外部提供者の所有物	○	
8.6	製品及びサービスの要求事項を満たしていること	○	
8.7.1	修正したアウトプット	○	

外部委託する（outsource）（動詞）

Q 9000 3.4.6 ある組織の機能又はプロセスの一部を外部の組織が実施するという取決めを行う

　注記に記載されているように、**外部委託した機能またはプロセスは、マネジメントシステムの適用範囲内**にあります。組織は、組織の製品またはサービスに影響を及ぼさないように、外部委託した機能またはプロセスをマネジメントする責任を持ちます。

■ プロセスを外部委託する

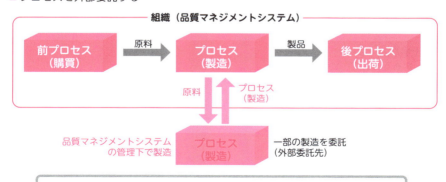

トレーサビリティ（traceability）

`Q 9000` `3.6.13` 対象の履歴、適用又は所在を追跡できること

　製品及びサービスについて原材料や工程に遡って追跡できること、及び測定機器の校正に関して国際計量標準または国家計量標準へのつながりを追跡できることに用います。8.5.2で詳しく述べます（P.169参照）。

検査（inspection）

`Q 9000` `3.11.7` 規定要求事項への適合を確定すること

　適合製品またはサービスをリリースするために行います。検査には、受入品の検査、中間製品の検査、製品の検査などがあります。

リリース（release）

`Q 9000` `3.12.7` プロセスの次の段階又は次のプロセスに進めることを認めること

　検査によって製品またはサービスの合否判定し、合格したものだけを次のプロセスに進めます。8.6で詳しく述べます（P.178参照）。

■ 要求事項に適合した製品・サービスだけをリリースする

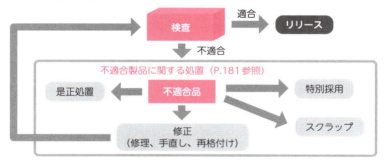

不適合（nonconformity）

`Q 9000` `3.6.9` 要求事項を満たしていないこと

　要求事項は、製品要求事項、品質マネジメント要求事項、顧客要求事項、品質要求事項、法規制要求事項などがあり、これらの要求事項は絡み合って存在しています。これらの要求事項を満たさないと製品及びサービスの品質を保証できず、顧客満足を得ることもできません。

Chapter 3　ISO 9001規格の重要用語解説

17　評価・改善に関する用語

品質マネジメントシステムにおける「9 パフォーマンス評価」及び「10 改善」に関する用語です。これらの用語は品質マネジメントシステムの有効性を評価し、継続的に改善していく活動に関わっています。

● 評価・改善に関する用語の定義と解説

パフォーマンス（performance）
`Q 9000 3.7.8` 測定可能な結果

　目標達成のための活動・プロセス・マネジメントシステムに関するもの、及び製品・サービスに関するものがあります。

有効性（effectiveness）
`Q 9000 3.7.11` 計画した活動を実行し、計画した結果を達成した程度

　有効性を評価して改善につなげることが求められています。ISO 9001では、取組みの有効性（6.1.2b) 2) 及び9.1.3e)）、力量（7.2）を身に付けるための処置の有効性、品質マネジメントシステムの有効性（9.1.1及び9.1.3c)）、是正処置の有効性（10.2.1d)）を評価することを求めています。

顧客満足（customer satisfaction）
`Q 9000 3.9.2` 顧客の期待が満たされている程度に関する顧客の受け止め方

　組織は、何らかの方法で顧客満足を評価しなければなりません。注記には、「苦情は、顧客満足が低いことの一般的な指標であるが、苦情がないことが必ずしも顧客満足が高いことを意味するわけではない」「顧客要求事項が顧客と合意され、満たされている場合でも、それが必ずしも顧客満足が高いことを保証するものではない」と顧客満足の捉え方の難しさが説明されています。顧客満足に関しては、ISOからISO 10001、ISO 10002、ISO 10003、ISO 10004、ISO 10008などの指針が出されています（P.29参照）。

■ 顧客満足に関するISOの指針

ISO 10001:2018	品質マネジメント－顧客満足－組織における行動規範のための指針
ISO 10002:2018	品質マネジメント－顧客満足－組織における苦情対応のための指針
ISO 10003:2018	品質マネジメント－顧客満足－組織の外部における紛争解決のための指針
ISO 10004:2018	品質マネジメント－顧客満足－監視及び測定に関する指針
ISO 10008:2013	品質マネジメント－顧客満足－企業・消費者間電子商取引の指針

監視 (monitoring)

Q 9000 3.11.3 システム、プロセス、製品、サービス又は活動の状況を確定すること

　組織の状況（箇条4）、品質目標（6.2）、プロセス・外部提供者のパフォーマンス（8.4）、製造及びサービス提供の管理（8.5）、パフォーマンス評価・顧客満足（9.1）について行うことが要求されています。

測定 (measurement)

Q 9000 3.11.4 値を確定するプロセス

　品質目標（6.2）、製造及びサービス提供の管理（8.5）、パフォーマンス評価（9.1）について行うことが要求されています。

監査 (audit)

Q 9000 3.13.1 監査基準が満たされている程度を判定するために、客観的証拠を収集し、それを客観的に評価するための、体系的で、独立し、文書化したプロセス

　品質マネジメントシステムを評価するための重要な活動です。内部監査員の力量を向上し、組織の状況に応じた監査プログラムを作成するとよいでしょう。

監査プログラム (audit programme)

Q 9000 3.13.4 特定の目的に向けた、決められた期間内で実行するように計画された一連の監査

　監査を行うために計画します。ISO 9001認証の有効期間に合わせて3年間を単位とし、機能やプロセスのリスクに応じた監査計画を立てるとよいでしょう。

監査基準 (audit criteria)
Q 9000 3.13.7 客観的証拠と比較する基準として用いる一連の方針、手順又は要求事項

　ISO 9001規格、品質マネジメントシステムの決めごと、顧客要求事項や法律などの**組織外部の要求事項のうち順守しなければならないもの**があります。

監査証拠 (audit evidence)
Q 9000 3.13.8 監査基準に関連し、かつ、検証できる、記録、事実の記述又はその他の情報

　品質マネジメントシステムの活動に対して集める監査証拠には面談結果、観察結果、文書化した情報（文書類、記録類）、判断基準や指標などがあります。

監査所見 (audit findings)
Q 9000 3.13.9 収集された監査証拠を、監査基準に対して評価した結果

　指摘事項ともいわれ、おもに監査での不適合、観察・改善の機会、優れた事例などを明らかにしたものです。

改善 (improvement)
Q 9000 3.3.1 パフォーマンスを向上するための活動
継続的改善 (continual improvement)
Q 9000 3.3.2 パフォーマンスを向上するために繰り返し行われる活動

　品質マネジメントシステムでは、顧客要求事項を満たし、顧客満足を向上するために改善活動に取り組みます【関連箇条10】。継続的改善は、連続的（continuous）でなく、継続的（continual）であること、すなわち同じ改善活動を連続して行うのではなく、改善効果を確認しながら**改善活動の内容を変えてでも継続して改善活動すること**を求めています。

是正処置 (corrective action)
Q 9000 3.12.2 不適合の原因を除去し、再発を防止するための処置

　不適合の真の原因を取り除くことによって品質マネジメントシステムを改善する重要な活動です（P.48、200参照）。

4章

4 組織の状況

「4 組織の状況」では有効な品質マネジメントシステムを運用する上で理解しなければならない「外部・内部の課題」や「利害関係者のニーズ及び期待」などの要求事項が規定されています。「4.1 組織及びその状況の理解」「4.2 利害関係者のニーズ及び期待の理解」「4.3 品質マネジメントシステムの適用範囲の決定」「4.4 品質マネジメントシステム及びそのプロセス」の4節から構成されています。

Chapter 4　4 組織の状況

18　4.1 組織及びその状況の理解

有効な品質マネジメントを行う第一歩は、組織が自らの状況を正しく理解することです。「4.1 組織及びその状況の理解」では、その1つ目のポイントである"外部・内部の課題"を明確にします。

● 「4 組織の状況」のポイント

　箇条4は、4つの節で構成されてています。各節では、組織の状況と利害関係者のニーズ及び期待を十分に理解した上で**品質マネジメントシステムを構築し、運用すること**を求めており、また、その品質マネジメントシステムではプロセスアプローチを強調しています。品質マネジメントシステムを構築する際に、4.1から4.3に従って品質マネジメントをする事業所や製品・サービス、すなわち適用範囲を決定します。適用範囲を決めたら、4.4に従って、品質マネジメントシステムのプロセスを構築していきます。その際に作成すべき必要な"文書化した情報"については、必要な程度に作成することが4.4.2に求められています。

　品質マネジメントシステムにおいて主体となる製品及びサービスを提供するプロセス（運用プロセス）については、箇条8に改めて要求があります。

● リスクに基づく予防的活動

　上位の共通基本構造（P.17参照）とは、品質マネジメントシステムの活動を有効なものとするために、活動の根拠となる組織の状況を明確にする要求です。品質マネジメントシステムを運用する組織は、組織自らの置かれた状況、すなわち**外部や内部の課題、利害関係者からの要求事項を明確**にした上で、それらが組織の意図した結果の達成や品質マネジメントシステムの継続的改善のための**リスクになると考え、品質マネジメントシステムにおいて必要な取組み（活動）を計画し、実施する**ことで、課題や要求事項に対応していかねばなりませ

ん【関連6.1】。

■ 組織の状況を明確にしてリスクを予防する活動

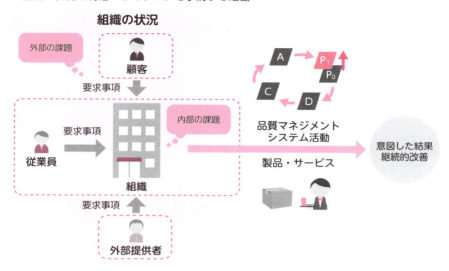

● 4.1 組織及びその状況の理解

　品質マネジメントシステムを運用する目的は、組織の意図した結果を達成し、品質マネジメントを継続的に改善することにあります。**組織の抱える外部・内部の課題（現状）を正しく把握し**、これらの課題に対して適切な取組み、すなわち、現状に見合った改善活動もしくは維持活動を行うことが、有効な品質マネジメント活動につながります。

　外部の課題とは、管理の及ばないマネジメントシステム外部で発生し、組織の活動に影響してくるものです。競合他社との競合激化やより高い品質への志向、法規制の強化、為替変動などが例示されます。内部の課題には、純粋な組織内部の課題と外部の課題に対応しようとして見えてくる課題があります。厳密な区別は難しいですが、たとえば純粋な内部の課題には、人手不足や設備の老朽化、組織のロケーションなどがあり、外部の課題への対応で見えてくる課題には、人材育成や技術ノウハウの整備、コストダウン、外部環境変化への備えなどがあります。

079

■ 外部・内部の課題の例

外部の課題

競合他社との競合激化

より高い品質への志向

法規制の強化

為替変動

内部の課題

人手不足、人材育成

設備の老朽化

技術ノウハウの整備

コストダウン

◯ 外部・内部の課題の監視及びレビュー

また、外部及び内部の課題は、常に変化するものなので、品質マネジメントシステムの活動を有効なものとするには、それらの**変化に応じて活動を見直し、最新のものとして維持していく**必要があります。品質マネジメントシステムを運用する中で、組織内の関連する機能、すなわち営業、設計開発、購買、製造・サービス提供などがこれらの課題に関する情報を常に監視し、課題に変化があった場合にはその変化を会議や報告書でトップマネジメントをはじめとする組織に報告することによってレビューします。これらの報告・レビューは、定期的に行うか随時行うように決めておきます。

【追補】組織は、気候変動が関連する課題かどうかを決定しなければなりません（ISO 9001:2015 / Amd.1:2024、2024年2月23日）。

まとめ

- 外部・内部の課題を明確にし、適切に取り組むことが重要
- リスクへの予防的な活動の計画と実施が品質マネジメント
- 外部・内部の課題は常に変化する。変化に応じて活動は見直す

4.2 利害関係者のニーズ及び期待の理解

Chapter 4 　4 組織の状況
19

2つ目のポイントは、組織が"利害関係者のニーズ及び期待"を理解することです。顧客のみならず利害関係者には誰がいるかを明らかにして、彼らからの明示的・潜在的な要求事項を明確にします。

● 利害関係者のニーズ及び期待とは

4.2においては、組織は以下の2点について明確にしなければなりません。

a) 品質マネジメントシステムに密接に関連する利害関係者
b) 品質マネジメントシステムに密接に関連するそれらの利害関係者の要求事項

4.1の組織の課題と並んで、**組織の品質マネジメントに関連する利害関係者は誰なのか、また、それらの利害関係者からどのような要求事項があるのかを明確にしておくことが必要**であり、有効な品質マネジメント活動につながります。4.2のタイトルにある"ニーズ及び期待"には利害関係者が直接要求していないことも含みます。4.2b) はそこで4.1a) の利害関係者からの明示的なものに限らず、潜在的なものを含む"要求事項"を明確にしなければなりません。

品質マネジメントシステムは、顧客要求事項を満たした製品及びサービスを提供し、顧客満足を向上することを目的としていますので、顧客は重要な利害関係者であり、顧客の要求事項は重要な要求事項になります。また、製品及びサービスの提供に欠かせない原材料・部品などの提供者、法規制による要求をしてくる規制当局、製品及びサービス提供に関連する従業員なども密接に関係する利害関係者です。組織は、顧客からの要求事項だけでなく、これらの利害関係者からの要求事項も明確にした上で品質マネジメントシステムの活動を行う必要があります。

■ 利害関係者のニーズ及び期待の例

● 利害関係者のニーズ及び期待の監視及びレビュー

　また4.2では、「利害関係者及びその関連する要求事項に関する情報を監視し、レビューしなければならない」とも求めています。4.1の組織の課題と同様に、利害関係者も要求事項も常に変化するものなので、組織の関連する機能がこれらに関する情報を監視し、**情報の変化を会議や報告書でトップマネジメントをはじめとする組織に報告することによってレビュー**します。これらの報告・レビューは、定期的または随時行うように決めておきます。

【追補】関連する利害関係者は、気候変動に関する要求事項をもつ可能性があります（ISO 9001:2015 / Amd.1:2024、2024年2月23日）。

まとめ

- 組織の品質マネジメントの利害関係者は誰なのかを明確にする
- 利害関係者からどのような要求事項があるかを明確にする
- 利害関係者からの要求事項の変化は報告・レビューする

Chapter 4　4 組織の状況

20　4.3 品質マネジメントシステムの適用範囲の決定

4.1と4.2を受けて、組織は品質マネジメントシステムの適用範囲を決定します。適用範囲では、対象となる製品及びサービスを明確にし、ISO 9001規格の適用可能な要求事項はすべて適用する必要があります。

● どの範囲内で適用するかを決定する

4.3では、「組織は、品質マネジメントシステムの適用範囲を定めるために、その**境界及び適用可能性を決定**しなければならない」と要求しています。適用範囲の決定とは、組織の所在地や平面図によって物理的な境界（サイト）及び適用可能性を決めることと、適用する業務内容を明確にすることによって業務内容に関する境界（プロセス）及び適用可能性を決めることです。

● 適用範囲を決定する際に考慮すること

また、4.3では、その適用範囲を決定するときに、以下の3つについても考慮しなければなりません。

a) 4.1に規定する外部及び内部の課題
b) 4.2に規定する密接に関連する、利害関係者の要求事項
c) 組織の製品及びサービス

品質マネジメントシステムは、顧客に製品及びサービスを提供する業務プロセスをマネジメントするためのシステムですので、a) b) で明確にした組織の状況に加えて、提供することができる製品及びサービスの中から**どの製品及びサービスを対象としてマネジメントするのか**というc) を考慮して適用範囲を決定する必要があります。

083

● 適用が不可能な要求事項の適用除外ができる

適用範囲の中で、ISO 9001 の要求事項が適用できるときにはすべて適用しなければなりません。ただし、**適用が不可能な場合に限り、その正当性を示すことによって適用しないことを決定することができます**。たとえば、顧客の設計による図面に基づく部品加工を行う組織では、設計開発の業務が存在しないことから、「8.3 製品及びサービスの設計・開発」の要求事項を適用できないと決定することがあります。それでも、製品及びサービスの適合並びに顧客満足の向上を確実にする組織の能力または責任に影響を及ぼさない限り、ISO 9001 に適合していると表明することができます。

なお、品質マネジメントシステムの**適用範囲は文書化した情報として利用可能な状態にして、維持する**必要があります。文書には対象となる製品及びサービスの種類を明確に記載し、適用が不可能であることを決定した ISO 9001 の要求事項があれば、その正当性を示します。

■ 適用範囲の決定

まとめ

- 境界及び適用可能性について適用範囲を定め、文書化する
- 4.1 の課題、4.2 の要求事項、組織の製品及びサービスを考慮
- 適用不可の場合、その正当性を示せば適用しないと決定できる

21 4.4 品質マネジメントシステム及びそのプロセス

Chapter 4 4 組織の状況

決定した適用範囲に対して、必要なプロセスを含む品質マネジメントシステムを確立、実施、維持、継続的改善をしなければなりません。また、必要な程度に文書化した情報を維持・保持する必要があります。

● 品質マネジメントシステムとプロセス

4.4.1では、「要求事項に従って、（中略）品質マネジメントシステムを確立し、実施し、維持し、かつ継続的に改善しなければならない」と規定しています。つまり、ISO 9001に従って品質マネジメントシステムを確立し、それを運用（実施）する中で、**運用の結果、組織の状況の変化などを評価して品質マネジメントシステムを見直し、継続的に改善していくことが必要**です。品質マネジメントシステムは一度確立することが目的ではなく、むしろ**確立してから運用しながら維持改善**していくことが目的です。品質マネジメントシステムが継続的に改善されていることが、システムの有効性の証です。

また、4.4.1のa)〜c)では、品質マネジメントシステムに必要なプロセスを含めること、及びそのプロセスには、インプットとアウトプットを明確にし、順序と相互作用を明確にし、プロセスの判断基準及び方法を定めて適用する（す

■ 品質マネジメントシステムのプロセスと運用管理

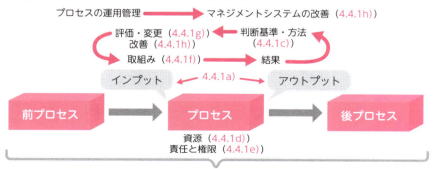

なわちそれに基づいて評価する）ことが求められています。

さらに4.4.1のd)〜h)の求めによって、組織はそれらのプロセスに必要な資源を明確にして確実に利用できるようにし、責任及び権限を割り当て、リスク及び機会に取り組み、結果を評価し、必要な変更を実施してプロセス及び品質マネジメントシステムを改善しなければなりません。

● 運用プロセスをまとめた「プロセスマップ」と「品質保証体系図」

顧客要求を受けることから製造及びサービス提供に至る一連のプロセスのつながりを下のような**「プロセスマップ」**に表すと、製品及びサービス提供に関する運用プロセスを文書化して整理できます。

「プロセスマップ」のより詳しい情報として、関連する機能や文書化した情報を盛り込んだフロー図が**「品質保証体系図」**で、右ページの図がその例です。「品質保証体系図」は運用プロセスの全体像を表すことができますが、たくさんの情報を詰め込みすぎると見にくくなります。その場合には、プロセスを可能な範囲でまとめたり、手順書にまとめて引用したりして工夫をします。

プロセスに関する要求事項は、ISO 9001の多くの箇条でなされています（P.88の一覧表参照）。

■ プロセスマップ

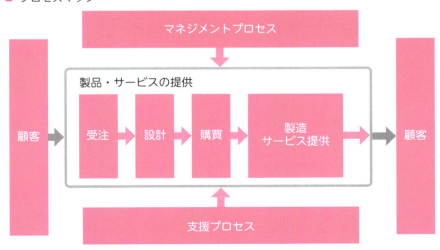

■ 品質保証体系図の例

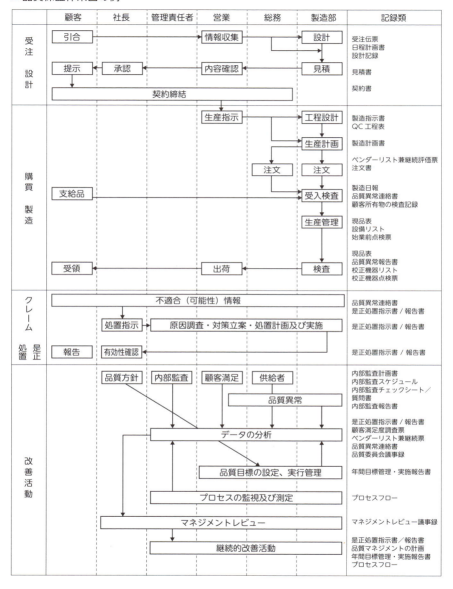

文書化した情報の維持と保持

　品質マネジメントシステムには**必要な程度の文書化した情報の維持と保持が要求**されています。必要な程度は組織に委ねられ、組織や業務の複雑さなどによって組織で決めます。

　文書化した情報は定義にあるように、"文書"と"記録"があります（P.70参照）。"文書"は最新版として管理する必要がありますので"維持する"と表現されます。"記録"は証拠として残すものですから"保持する"と表現されます。規格の文脈とこれらの動詞により文書化した情報の内容を解釈して対応します。

■ プロセスに関する要求事項（P.86の補足表）

箇条	プロセスに関する要求事項	対象
4.4.1	必要なプロセス及びそれらの相互作用を含む、品質マネジメントシステムを確立し、実施し、維持し、かつ継続的に改善しなければならない	品質マネジメントシステム全体
4.4.2	必要な程度まで、 a) プロセスの運用を支援するための文書化した情報を維持する b) プロセスが計画どおりに実施されたと確信するための文書化した情報を保持する	品質マネジメントシステム全体
5.1c)	組織の事業プロセスへの品質マネジメントシステム要求事項の統合を確実にする	
5.3b)	プロセスが、意図したアウトプットを生み出すことを確実にする	
6.1.2b) 1)	その取組みの品質マネジメントシステムプロセスへの統合及び実施	
6.2.1	関連する機能、階層及びプロセスにおいて、品質目標を確立しなければならない	
7.1.2	プロセスの運用及び管理のために必要な人々を明確にし、提供しなければならない	
7.1.3	プロセスの運用に必要なインフラストラクチャ、並びに製品及びサービスの適合を達成するために必要な人々を明確にし、提供しなければならない	
7.1.4	プロセスの運用に必要な環境、並びに製品及びサービスの適合を達成するために必要な環境を明確にし、提供し、維持しなければならない	
7.1.6	プロセスの運用に必要な知識、並びに製品及びサービスの適合を達成するために必要な知識を明確にしなければならない	
8.1	製品及びサービスの提供に関する要求事項を満たすため、並びに箇条6で決定した取組みを実施するために必要なプロセスを、計画し、実施し、かつ、管理しなければならない	箇条8全体
8.1e)	次の目的のために必要な程度の、文書化した情報の明確化、維持及び保持 1) プロセスが計画どおりに実施されたという確信をもつ	箇条8全体
8.1	外部委託したプロセスが管理されていることを確実にしなければならない	箇条8全体
8.3.1	以降の製品及びサービスの提供を確実にするために適切な設計・開発プロセスを確立し、実施し、維持しなければならない	
8.3.4	設計・開発プロセスを管理しなければならない	
8.4.1	外部から提供されるプロセス、製品及びサービスが、要求事項に適合していることを確実にしなければならない 管理を決定しなければならない	
8.5.1f)	プロセスの、計画した結果を達成する能力について、妥当性確認を行い、定期的に妥当性を再確認する	
9.2.2c)	監査プロセスの客観性及び公平性を確保	

まとめ

▶ **品質マネジメントシステムは確立後、運用しながら維持改善する**

5章

5 リーダーシップ

トップマネジメントには、品質マネジメントシステムに関するリーダーシップ及びコミットメントの実証が具体的に要求されています。トップマネジメントのリーダーシップは、「5.1 リーダーシップ及びコミットメント」「5.2 方針」「5.3 組織の役割、責任及び権限」の3節から構成されています。

Chapter 5　5 リーダーシップ

22　5.1 リーダーシップ及びコミットメント

トップマネジメントが果たすべき役割について、具体的に要求しています。トップマネジメントは、要求事項に従って品質マネジメントに対してリーダーシップをとり、コミットメントを実証しなければなりません。

● リーダーシップの重要性

　トップマネジメントは組織の最高位の管理者です。品質マネジメントシステムを成功に導くかどうかは、**トップマネジメントの強い思いとそれを組織に展開するリーダーシップにかかっている**といっても過言ではありません。

　ISO 9001規格では、その重要性を明確にするため、リーダーシップに関する要求を強調しています。そのことが品質マネジメントシステムのPDCAの図に明確に示されており、箇条5のリーダーシップが品質マネジメントシステムPDCAの中心に位置づけられていて、PDCA活動のすべてに関与するように表現されています（P.26参照）。

■ リーダーシップ及びコミットメントの実証

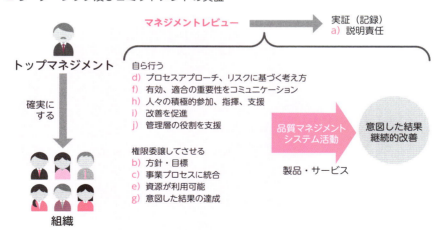

○ トップマネジメントの役割

5.1.1は、トップマネジメントの役割について総括的に要求しており、ISO 9001規格が顧客指向であることから5.1.2はトップマネジメントに対する顧客満足に関する要求があります。

トップマネジメントは、組織を導いていくために**方針・目標を定め、組織の役割を決めて責任・権限を組織内に分担する**ことによって品質マネジメントシステムを運用するための体制を整えなければなりません。

○ リーダーシップ及びコミットメントの実証

トップマネジメントは、品質マネジメントシステムに関する**リーダーシップ及びコミットメントを実証することが要求**されています。コミットメントとは「責任を伴う強い約束」という意味です。トップマネジメントがリーダーシップ及びコミットメントを発揮できる場は、品質方針、品質目標などの計画策定、月度報告などの組織内の各種コミュニケーション及び監視・測定結果の分析・評価、マネジメントレビューなどです。「実証する」とは、証拠を示して証明するという意味ですので、トップマネジメントは、上記の各場面におけるインプット情報やそれらに対して出した指示内容などを**記録した議事録を証拠として示す**ことによって、規格の要求を満たすことができます。

トップマネジメントが実証するリーダーシップ及びコミットメントは、トップマネジメントが自ら行うことと、トップマネジメントを含めて権限委譲された組織に行わせることに分かれます。a)〜j)で列挙されている項目のうち、文中で「確実にすること」と表現されている項目が後者になります。

○ トップマネジメントが行うこと

5.1.1のa)、d)、f)、h)、i)、j) の項目は、トップマネジメントが自ら行わなければなりません。

■ 5.1で要求しているトップマネジメントが行うこと

a) 品質マネジメントシステムの説明責任	審査機関によるトップインタビューなど品質マネジメントシステムの有効性について説明を求められる場合、トップマネジメントに説明責任があります。対象となる期間のインプット情報やそれらに対する指示内容などを記録した議事録などを用いて説明しなければなりません
d) プロセスアプローチ及びリスクに基づく考え方の利用を促進する	ISOの基本であるプロセスアプローチを組織内に浸透させ、リスクに基づく考え方による予防的活動を拡げる必要があります
f) 適合の重要性を伝達する	品質方針による伝達も1つの方法ですが、コミュニケーションの場などを通じて常に伝達しなければなりません
h) 人々を積極的に参加させ、指揮し、支援する	品質マネジメントの活動は、一部の人々だけで行うのではなく、組織の人々が全員参加で行うことが重要です。そうなるようにリーダーシップを発揮する必要があります
i) 改善を促進する	品質マネジメントシステムの目的は継続的な改善です。トップマネジメントは改善に向けて強いリーダーシップとコミットメントが必要となります
j) 管理層の役割を支援する	品質マネジメントシステムは組織的な活動ですので、役割を与えられた管理層がその責任範囲内で役割を果たせるように支援しなければなりません。支援には、管理体制の見直し、業務内容の調整、提案された改善の機会に対する決裁などがあります

● 品質マネジメントシステムに行わせる（確実にする）こと

トップマネジメントは、5.1.1のb)、c)、e)、g)を権限委譲された組織に行わせて確実にしなければなりません。

■ 5.1で要求している権限委譲された組織に行わせること

b) 品質方針・品質目標を確立する	トップマネジメント及び必要に応じて役割と責任・権限を与えられた管理層は、組織の状況や戦略に適した品質方針を確立しなければなりません。品質方針については「5.2 方針」に、より詳しい要求事項があります。組織に改善のための品質目標を確立させます。その目標は、組織の状況や戦略に対して適切なものであるようにさせます

c) 品質マネジメントシステム要求事項を事業プロセスへ統合する	品質目標などの品質マネジメントシステムの活動内容が本来の事業活動（事業プロセス）と異なるところで行われていると、品質マネジメントシステムの活動結果は事業活動の改善に貢献しません。品質マネジメントシステムの要求事項を本来の事業プロセスで行う（すなわち統合する）ことにより、品質マネジメントシステムの活動結果が事業プロセスの改善につながるようにします	
e) 必要な資源を利用可能にする	トップマネジメント及び役割と責任・権限を与えられた管理層が、それぞれ与えられた責任・権限の中で活動に必要な資源【関連7.1】を利用できるようにさせます	
g) 意図した結果を達成する	トップマネジメント及び役割と責任・権限を与えられた管理層が、それぞれ与えられた責任・権限の中で意図した結果を達成するようにさせます	

■ 事業プロセスへの統合

品質マネジメントシステム活動が事業活動と別々にあると効率が悪い

事業活動で品質マネジメントシステムの要求を満たす

まとめ

- ▶ トップマネジメントに要求される役割を具体的に理解する
- ▶ 自ら行う、またはトップ自らを含めて権限委譲された組織に確実に実行させる
- ▶ リーダーシップとコミットメントの実証（記録）を要求される

Chapter 5　5 リーダーシップ

23　5.1.2 顧客重視

トップマネジメントは、品質マネジメントシステムの各機能を有効に機能させて、要求事項を満たし、顧客満足を向上させるための取組みを通じて、顧客満足の重視が継続されるように導きます。

● 顧客重視のリーダーシップとコミットメントを実証する

　ISO 9001による品質マネジメントシステムの意図する結果は、**品質保証と顧客満足の向上**です。これらはともに顧客に対するものであり、つまるところ**顧客を重視**しています。従って、トップマネジメントも次の3つのことを確実にする（品質マネジメントシステムに実施させる）ことによって、顧客重視に関するリーダーシップ及びコミットメントを実証する必要があります。

a) 顧客要求事項及び適用される法令・規制要求事項を満たす
　顧客要求事項がある場合には当然それを満たさなければなりませんが、特に顧客から直接要求されなくても**組織が提供する製品及びサービスは適用される法令・規制要求事項を満たしている**ことを顧客は期待しています。従って、組織は、これらの要求事項を明確にし、理解し、一貫してそれを満たさなければなりません。

b) リスク及び機会を決定して取り組む
　「顧客の重視」とは、**製品及びサービスの要求事項に不適合を出さず、顧客満足を向上する**ことなので、そのために何か**具体的な活動に取り組んでいる**ことが求められます。この何か具体的な活動を、規格では「製品及びサービスの適合並びに顧客満足を向上させる能力に影響を与え得る、リスク及び機会を決定し、取り組む」と表現しており、**箇条6で計画的に行う**必要があります。

094

c) 顧客満足向上の重視を維持する

　組織の状況が変化すれば、その変化に応じてリスク及び機会への取組みも見直す必要が生じます。**リスク及び機会への取組みを見直して維持することにより、顧客満足向上の重視も維持**されます。

■ 顧客重視のリーダーシップとマネジメント

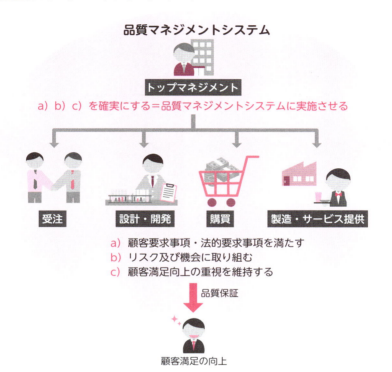

まとめ

- 顧客要求事項と法令・規制要求事項を明確にして満たす
- 顧客満足向上のためリスクや機会を決定して取り組む【関連6】
- 品質マネジメントシステムの顧客満足向上の重視を維持する

Chapter 5　5 リーダーシップ

24　5.2 方針

トップマネジメントは、組織をまとめ品質マネジメントシステムを導くために方針を策定します。ISO 9001規格は、品質方針の内容に関する要求と、確立された品質方針の伝達に関する要求をしています。

● 5.2.1 品質方針の確立

品質方針は、**組織を動かし品質マネジメントシステムを導くもの**として、品質マネジメントシステムで重要な役割を担っています。近年、インターネットなどを通じてさまざまな組織の品質方針を参考にすることができますが、品質方針は、第一に組織の目的や状況に適切なものであり、組織の目指す方向と一致したものでなければなりません。策定にあたっては次の4点を満たす必要があります。

a) **組織の戦略的な方向性を支援する**
b) **品質目標を設定するための枠組みを与える**：すなわちヒントとなるようなものを与える
c) **適用される要求事項を満たすことへのコミットメントを含む**：顧客要求事項・法的要求事項などを満たす（要求事項に適合）
d) **継続的改善へのコミットメントを含む**：継続的改善をすることを含む

■ 品質方針

品質方針はマネジメントシステムの進むべき方向を示す

5.2.2 品質方針の伝達

品質方針は、品質マネジメントに対するトップマネジメントの想いを組織に伝える大切な手段です。その伝達のために、以下の3点を満たさなければなりません。

a) **文書化した情報として利用可能な状態にされ、維持される**：内容をときどき見直して維持する
b) **組織内に伝達され、理解され、適用される**：組織の目標策定などの活動に適用するように組織に伝えて、趣旨を理解させる
c) **必要に応じて、密接に関連する利害関係者が入手可能である**：要求されたときなど必要に応じて、利害関係者が入手できるようにしておく

トップマネジメントは、自らの想いを品質方針に込め、文書化して組織内に適切に伝達して、理解され、適用されることによって、リーダーシップを1つ実証することができます。

■ 品質方針の伝達

> **まとめ**
> - 品質方針は品質マネジメントシステムを導く重要な役割を担う
> - 品質方針は文書化し組織に適切に伝達し、理解され、適用する
> - 利害関係者が品質方針を入手できるようにしておく

25 5.3 組織の役割、責任及び権限

Chapter 5 　5 リーダーシップ

トップマネジメントは、組織の役割分担を決め、役割に応じた責任と権限を持たせることによって、品質マネジメントシステムを組織的に運用する体制を構築します。

● 役割と責任をトップマネジメントが与える

　トップマネジメントは、必要に応じて品質マネジメントシステムの管理に責任をもつ「管理責任者」、マネジメントシステムの運用を担う「品質保証会議」、事業プロセスを担う「○○部門」や「○○課」などに**役割**と**責任・権限を与えて運用体制を構築**します。役割と責任を明確にする方法として、組織図、役割分

■ 役割と責任の例

社長
品質マネジメントシステムの承認、品質方針・品質目標、組織体制、資源の提供、マネジメントレビューなど

管理責任者
品質マネジメントシステムの運用管理、教育訓練の統括、内部監査の実施、マネジメントレビューへのインプットなど

品質保証会議
プロセス運用、品質目標に関するコミュニケーション、品質課題の審議・検討、不適合・苦情・クレーム対応のレビューなど

○○部門
プロセスの運用、品質目標の達成、資源管理、教育訓練、マネジメントレビューへのインプットなど

○○課
プロセスの運用、品質目標の達成、資源管理、教育訓練、マネジメントレビュー（部門レビュー）へのインプットなど

担表、規定類（職務分掌規定など）、マトリクス表があります。

また、ISO 9001 は、特定の役割と責任について要求をしていますので、この節の後半（P.100）で述べます。

組織図

役割と責任を明確にする手段の1つが組織図です。トップマネジメントを含む品質マネジメントシステムの機能と階層を視覚的に表したもので、組織内に伝達して理解されるためには優れた方法です。品質マネジメントシステムを組織の一部で実施する場合にも、組織図を用いて組織全体のどの部分が対象となるのかをわかりやすく表現することができます。品質マネジメントにおける内部コミュニケーションの多くは組織図で表される職制を通じて行われます。組織図に業務内容を記載することによって簡便に組織の役割を規定することもできます。

■ 品質マネジメントシステムの組織図の例

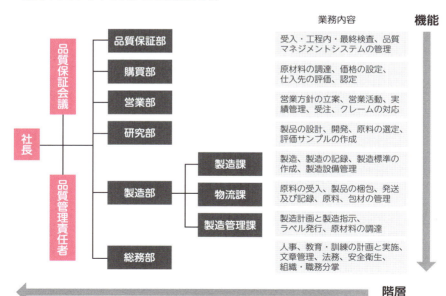

● マトリクス表

マトリクス表は、**組織内の各機能（部署、プロセス）とISO 9001要求事項の関係を表したもの**です。主管部署と関連部署のような関係の程度を記号で明確にすることによって、品質マネジメントシステムにおける要求事項の役割分担やその程度を表すことができます。マトリクス表は、監査計画を立てるときの重要な参考資料となるので、品質マネジメントシステムでは必須の文書です。

● 特定の役割と責任

以下の特定の役割と責任について、トップマネジメントが担当者を割り当てることが必要です。

a) 品質マネジメントシステムが、この規格の要求事項に適合することを確実にする
b) プロセスが、意図したアウトプットを生み出すことを確実にする
c) 品質マネジメントシステムのパフォーマンス及び改善（10.1参照）の機会を特にトップマネジメントに報告する
d) 組織全体にわたって、顧客重視を促進することを確実にする
e) 品質マネジメントシステムへの変更を計画し、実施する場合には品質マネジメントシステムを"完全に整っている状態"（integrity）に維持することを確実にする

※品質マネジメントシステムの"完全に整っている状態"とは、変更した内容を関連する他のところにも反映させた矛盾のない状態を意味しています（P.110「品質マネジメントシステムの変更は計画的に行う」で詳述）。

これらの"特定の"役割は、品質マネジメントシステムの管理業務のことであり、組織の状況に応じて役割分担してよいことになりました（P.102上のCOLUMN参照）。

■ 組織、プロセス及び規格要求事項との関係（マトリクス表）の例

プロセス及びトップマネジメント、品質管理責任者（ISO事務局を含む） 部署／ISO 9001 規格要求項目 （◎主管、○関連）	経営プロセス	営業・受注	企画・設計	購買・外注管理	製造・サービス	管理プロセス
社長	◎					
管理責任者	◎					◎
営業部		◎				
企画開発部			◎			
製造部				◎	◎	◎
4.1 組織及びその状況の理解	◎	○	○	○	○	○
4.2 利害関係者のニーズ及び期待の理解	◎	○	○	○	○	○
4.3 品質マネジメントシステムの適用範囲の決定	◎					
4.4 品質マネジメントシステム及びそのプロセス	◎					◎
5.1.1 リーダーシップ及びコミットメント　一般	◎					
5.1.2 顧客重視	◎					
5.2 方針	◎	○	○	○	○	
5.3 組織の役割、責任及び権限	◎	○	○	○	○	
6.1 リスク及び機会への取組み	○	○	○	○	○	◎
6.2 品質目標及びそれを達成するための計画策定	○	◎	◎	◎	◎	◎
6.3 変更の計画	○	○	◎	○	◎	○
7.1 資源	−	−	−	−	−	−
7.1.1 一般	◎	○	○	○	○	
7.1.2 人々						
7.1.3 インフラストラクチャ			○	○	○	
7.1.4 プロセスの運用に関する環境			○	○	○	
7.1.5 監視及び測定のための資源					◎	
7.1.6 組織の知識		○	◎	○	○	
7.2 力量		○	○	○	○	○
7.3 認識		○	○	○	○	
7.4 コミュニケーション	○	○	○	○	○	
7.5 文書化した情報	○	◎	◎	◎	◎	
8.1 運用の計画及び管理		○	○	○	○	
8.2 製品及びサービスに関する要求事項		◎				
8.3 製品及びサービスの設計・開発			◎			
8.4 外部から提供されるプロセス、製品及びサービスの管理				◎		
8.5 製造及びサービス提供					◎	
8.6 製品及びサービスのリリース				○	◎	
8.7 不適合なアウトプットの管理				○	◎	○
9.1 監視、測定、分析及び評価	○	◎	○	○	○	○
9.2 内部監査		○	○	○	○	○
9.3 マネジメントレビュー	◎	○	○	○	○	○
10.1 改善　一般	◎	○	○	○	○	○
10.2 不適合及び是正処置	○	○	○	○	○	○
10.3 継続的改善	◎	○	◎	○	◎	◎

品質マネジメントシステムの管理責任者

5.3で述べているa)〜e)の特定の役割と責任は、旧ISO 9001規格では「管理責任者」を任命して割り当てるという要求でしたが、「管理責任者」を任命する要求がなくなり、単にこれらの役割と責任を誰かに割り当てなさいという要求になりました。トップマネジメントは、組織の状況に応じて従来通り「管理責任者」を任命しても構いませんし、「管理責任者」を任命しないで職制上の各機能の代表者に責任及び権限を割り当てても構いません。品質マネジメントシステムの要求事項を事業プロセスに統合するという要求もある中で、組織の状況に応じた適切な組織体制づくりをトップマネジメントに委ねられた形になりました。

 まとめ

- 品質マネジメントシステムの機能と階層を表したのが組織図
- 機能や要求事項との関係を表すのが役割分担表とマトリクス表
- 特定の役割と責任の割当では管理責任者を任命しなくてもよい

 「5 リーダシップ」の監査のポイント

①品質マネジメントシステムの有効性について説明を求め、品質マネジメントシステムの運用結果に基づいた有効性に関する説明内容及び追加の質疑応答より、トップマネジメントのリーダーシップ及びコミットメントの実証を確認します。

②品質マネジメントシステムの有効性、すなわち品質目標などの品質パフォーマンスが継続して改善されていること、計画された取り決めが実施されていること、不適合の再発防止のための適切な是正処置がとられていることなどについてどのようにリーダーシップを発揮しているかを評価します。

6章

6 計画

品質マネジメントシステムの活動内容の全体を決定するのが「6 計画」です。品質マネジメントシステムの活動成果を上げるため、それぞれの組織の状況に応じて適切な計画を立てることが必須となります。「6.1 リスク及び機会への取組み」「6.2 品質目標及びそれを達成するための計画策定」「6.3 変更の計画」の3節から構成されています。

Chapter 6　6 計画

26　6.1 リスク及び機会への取組み

計画は、品質マネジメントシステムの意図した結果の達成に影響する"リスク"、または大きな効果を期待できる"機会"に取り組むことを決定します。取り組めることには限りがありますので、優先順位の高いものに取り組みます。

● 「6 計画」のポイント

箇条6は品質マネジメントシステムの計画です。6.1では、4.1と4.2で明確にした組織内外の課題や利害関係者の要求事項などの組織の状況に対して、**品質マネジメントシステムが意図した結果を達成するための適切な取組み、取組み方法、有効性の評価方法を決定**します。その取組みは、品質目標などの改善活動や、品質マネジメントシステムの中で行う維持活動などの、提供する製品及びサービスの要求事項に対する適合への影響に見合った活動とします。6.2の品質目標は、品質方針を具体的な改善活動や維持活動として展開するために、組織の適切な機能（営業、製造など）や階層（部、課など）、プロセスにおいて策定します。計画の変更が必要になった場合には、6.3に従って品質保証及び顧客満足に悪影響を及ぼさないように計画的に行います。

● 影響の大きいリスクや効果の大きい機会に取り組む

「**リスク**」とは、事業リスク、市場リスク、参入リスクなどのように、「将来起こるかもしれない影響のこと」ですので、多くは好ましくないことに用いられます（P.69参照）。また、「**機会**」とはISOの用語で定義されていませんが、市場参入の機会、設備投資の機会、教育訓練の機会などのように、「取り組むのに適した状況・時期であること」を意味しています。

組織には、その状況に基づく多くのリスクと機会が潜んでいますが、限りある活動の中で効果を上げるには、6.1.1でその内で**優先度の高いもの、すなわち、影響の大きいリスクや効果の大きい機会を優先して取り組む**ことが望まれます。

■ リスク及び機会への取組みを計画する

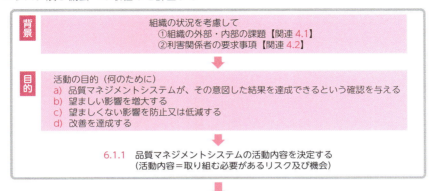

6.1.2では、このようにして決定された取り組む必要のあるリスクと機会について、品質マネジメントシステムの中でどう取り組むのか、その取組みの有効性をどう評価するかを計画段階で決めておきます（P.112「年度計画」表参照）。

■ リスク及び機会に取り組む

リスク及び機会への取組みの具体例

　リスク及び機会への取組みは、製品及びサービスの適合への潜在的な影響と見合ったものにしなければなりません。すなわち、影響が大きいリスク及び機会については必ず取り組むことが必要ですが、影響が小さいリスク及び機会については影響に応じてそれなりに取り組むか、または取り組まないことも選択肢としてあり得ます。6.1.2では注記1にリスクへの取組みの例が挙げられており、リスクには必ずしも解決できない場合もあります。

■ 注記1に記載されたリスクへの取組みの選択肢の例

①リスクを回避すること（例：人材不足を補うため新規採用）

②ある機会を追求するためにそのリスクを取ること（例：新規開発のために設備投資を削減する）

③リスク源を除去すること（例：人的ミスを防ぐために設備を自動化）

④起こりやすさもしくは結果を変えること（例：ラインの速度制限）

⑤リスクを共有すること（例：共同開発）

⑥情報に基づいた意思決定によってリスクを保有すること（例：契約）

　また、注記2には機会の例が挙げられており、これらに取り組むよい時期・タイミングにおいては取り組むことが有効です。⑦のそのほかの望ましく実行可能な可能性には、設備投資や人材育成・教育訓練なども含まれます。

■ 注記2に記載された機会の例

①新たな慣行の採用（他社の成功例を導入する）

②新製品の発売

③新市場の開拓

④新たな顧客への取組み（例：顧客開拓）

⑤パートナーシップの構築（例：業務提携）

⑥新たな技術の使用

⑦組織のニーズまたは顧客のニーズに取り組むためのそのほかの望ましくかつ実行可能な可能性（例：さまざまな挑戦、試行錯誤）

取り組む必要のあるリスク及び機会について、顧客関連、組織関連、供給者関連で分けたときの例を示します。リスクと機会は表裏一体であり、例においてはリスクと機会に分けることなく示しました。例示された項目は、リスク対策として挙げることもできますし、機会と捉えて挙げることもできます。

■取り組む必要のあるリスク及び機会の例

顧客関連

市場参入　　　新製品・サービス開発　　　相談窓口　　　現地倉庫

組織関連

業務提携　　　工場増設　　　設備投資

人材育成、教育訓練　　　業務改善

供給者関連

サプライチェーン強化　　　調達先開拓

まとめ

- リスクは起こる可能性のある影響、機会は取り組むのに適した状況
- 影響の大きいリスクや効果の大きい機会を優先して取り組む
- 製品などの適合への潜在的影響に見合ったものを選び取り組む

Chapter 6　6 計画

27　6.2 品質目標及びそれを達成するための計画策定

品質目標は、現状よりやや高いレベルを目指す改善目標だと改善につながります。組織の状況に応じて、適宜、適切な改善目標を設定することにより、継続的改善を達成することができます。

◯ 適切な品質目標を掲げる

　品質目標は「品質に関する達成すべき結果」であり、積極的な改善目標であったり、消極的な維持目標であったりします。品質マネジメントシステムを改善していくためには、**組織の状況に応じて適切な改善につながる品質目標を立てることが重要**です。

　規格では必要な関連する機能、階層及びプロセスにおいて品質目標を確立することを求めています。**組織で必要な機能（営業、製造など）、階層（部、課など）及びプロセスで適切な品質目標を策定することが、有効な成果を達成できるかどうかのポイント**となります。たとえば、8.1b) 1) で要求されているプロセスの基準を現状レベルより若干高めに設定して品質目標にすることによって、プロセスの改善につながります。

　品質目標は、6.2.1 で定める次の項目を満たさなければなりません。

a) **品質方針と整合している**【関連5.2】
b) **測定可能である**：量で表すことができるということ
c) **適用される要求事項を考慮に入れる**【関連4.2】
d) **製品及びサービスの適合、並びに顧客満足の向上に関連している**
e) **監視する**
f) **伝達する**
g) **必要に応じて、更新する**

　品質目標は**文書化した情報として維持**します。量で表し、監視し、関係者に

伝達し、必要（状況の変化）に応じて更新することが必要です。

品質目標を達成するために実行計画を策定する

品質目標をどのように達成するか、すなわち実行計画について、6.2.2で定める次の項目を決定しなければなりません。

a) **実施事項**
b) **必要な資源**：人材、設備、技術など
c) **責任者**
d) **実施事項の完了時期**
e) **結果の評価方法**

実行計画は、品質目標を確実に達成するために必要となるa)～e)の具体的な内容を含めて、文書化した情報にします。たとえばP.112のように実行計画書として年度計画をまとめます。

■ 品質目標

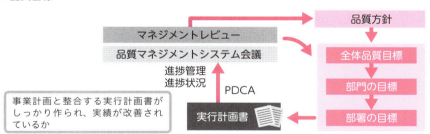

まとめ

- 機能・階層・プロセスで適切な品質目標を立てることが重要
- 目標は測定可能なものとし、監視・伝達・必要に応じ更新する
- 品質目標達成の計画では実施事項や責任者、時期などを決める

Chapter 6　6 計画

28　6.3 変更の計画

組織を取り巻く環境は常に変化しており、品質マネジメントシステムも環境の変化に応じて変更する必要が生じる場合があります。このような変更ではトラブルを生じやすいので変更を確実に管理することが求められています。

● 品質マネジメントシステムの変更は計画的に行う

　品質マネジメントシステムの変更には、組織体制の変更、工場新設・増設、設備投資、技術導入などの組織レベルの変更もあれば、作業手順の変更、新人の配属、人事異動などの機能・階層レベルの変更もあります。変更時にはトラブルを生じやすいので、これらの変更を行う場合には、次の事項を考慮して**計画的に行い確実に管理する**必要があります。

a) 変更の目的、及びそれによって起こり得る結果
b) 品質マネジメントシステムの"完全に整っている状態"（integrity）
c) 資源の利用可能性
d) 責任及び権限の割当て又は再割当て

　変更の目的、及び起こり得る結果をあらかじめ考慮しておくことにより、生じた結果に対する処置が早く、適切に行えるようになり、大きなトラブルを防ぐことができます。"完全に整っている状態"とは、変更によって影響を受けるほかの取り決めも変更して品質マネジメントシステム内で矛盾を生じないようにすることであり、たとえば、組織体制を変更した場合には関連する文書化した情報も変更することなどが挙げられます。

　組織全体に関する変更管理を計画的に行うためには、**期初に事業計画、人員計画、設備投資計画などを立案**することや、案件の提案・説明のための"品質会議"の場として**設備投資委員会や経営会議などを活用**すること、決裁を得るための文書化した情報として**稟議書、伺い書などを用いる**などの方法があります。

一部の機能や階層に関する変更管理に対しても、上記の計画的な方法によるほか、**変更申請・変更連絡**などの計画的な方法で行います。

■ 品質マネジメントシステムの変更は計画的に行う

組織の状況変化、マネジメントレビューからの指示【関連9.3.3】など

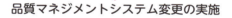

品質マネジメントシステム変更の実施

 まとめ ▶ 変更は計画的に行い、結果を考慮し"完全に整っている状態"に

「6 計画」の監査のポイント

①品質マネジメントシステムの品質目標をはじめとするさまざまな活動が、組織の状況、並びに製品及びサービスの適合に見合ったものであるかどうか、有効な品質マネジメント活動かどうかを確認します。

②品質目標が要求項目を満たしているか、進捗確認する方法についても確認します。

③品質マネジメントシステムを変更するときには、計画的な方法で行われたかどうか、変更後のシステムが完全に整っているかどうかを確認します。

年度計画表の作成

　品質マネジメントシステムでは、活動の計画を1年単位で策定することが一般的です。組織の状況を明確にして、取り組む必要のあるリスク及び機会（取組み項目）と取組み方法、その評価方法を年度計画にまとめます。年度計画では、「6 計画」にある品質目標の計画のほか、「7 支援」「8 運用」「9 パフォーマンス評価」の計画含めて品質マネジメントシステム全体を計画します。

■ 年度計画

○○年度計画（取り組むリスク及び機会）　　　記載例　○○年○月○日（社長）

会社状況

社内外の課題	（製品不良の低減　に影響する課題） （顧客満足の向上　に影響する課題）
利害関係者の要求事項	顧客の要求（○○、○○） 購買先の要求（○○、○○）など

年度計画（例）

項目	取組み方法	実施時期／期限	責任部署	取組み結果の評価方法
課題／要求事項	品質目標（全社・部署）	目標実施計画	社長	年度計画
課題／要求事項	品質目標（全社）	目標実施計画	管理責任者	品質委員会
・・・	品質目標（部署）	目標実施計画	各部署	部門会議
・・・	・・・			
・・・	・・・			
組織整備	組織改訂	○○月	社長	マネジメントレビュー
インフラ／環境整備	設備投資	○○月	社長	マネジメントレビュー
人材育成／認識	教育訓練	教育訓練計画	○○	教育訓練計画
文書整備	文書管理規程	文書管理規程	○○	内部監査
5S	○○活動	○○	各部署	パトロール
顧客満足	監視・測定・分析・評価	毎月	営業部	営業会議
部品のばらつき	監視・測定・分析・評価	毎月	製造部	製造会議
工程のばらつき	監視・測定・分析・評価	毎月	製造部	製造会議

※コメント　・・・・・・・・・
※コメント　・・・・・・・・・

7 支援

「7 支援」は、品質マネジメントシステムに必要な資源や文書管理などの要素に関する要求項目です。「7.1 資源」「7.2 力量」「7.3 認識」「7.4 コミュニケーション」「7.5 文書化した情報」の5節から構成されます。

Chapter 7　7 支援

29　7.1 資源

品質マネジメントシステムの資源は経営資源であり、製品及びサービスの品質保証に大きく影響します。プロセスの運用に必要な 7.1.1～7.1.6 の資源全体に関わる要求です。

● 「7 支援」のポイント

「7 支援」は、**品質マネジメントシステムに必要な資源や文書管理などの要素に関する要求項目**であり、品質マネジメントシステムにおける PDCA では箇条 8 の**運用と並んで実施（Do）に位置付け**られているので、組織は、支援に取り上げられている項目そのものを品質マネジメントシステムの実施事項として取り組まなければなりません。

品質マネジメントシステムの支援は、マネジメントシステム規格に共通の上位構造によって、5つの節から成り立っています。7.1 では人や設備をはじめとする資源管理、7.2 と 7.3 では教育訓練を主体とする人材管理と育成、7.4 では組織内外の情報伝達、7.5 では文書・記録の作成及び管理について要求されていますので、それぞれの取組みが、品質マネジメントシステムを継続的に改善するための活動になります。

● 内部資源と外部提供者からの取得

7.1.1 の要求に従って、組織は、品質マネジメントシステムで必要な資源を明確にして提供する際に、

a) **既存の内部資源の実現能力及び制約**
b) **外部提供者から取得する必要があるもの**

を考慮しなければなりません。

近年では、人材や設備などの組織が有する内部資源（及びそれを獲得するための資金）を有効に活用するために、人材派遣業者やリース・レンタル業者などの外部提供者から人材や製品を獲得することが一般的に行われています。また、土地やオフィスビルなどの不動産、特許などの知的財産についても、自前で揃えるよりも外部から取得したり、共有したりするほうが有効で効率的であることも数多くあります。

　組織は、**必要な資源を内部資源の再配分でまかなうか、もしくは外部から取得するかを考慮してどちらかを選択する**のですが、この選択は、品質マネジメントシステム活動の有効性や効率に大きな影響を及ぼすため、組織の戦略にかかわる重大な選択になります。しかし、組織内外の資源状況は常に変化していますので、組織は、それらの変化に柔軟に対応できるようにしておくことが望まれます。

■ 内部資源の有効活用に必要な外部提供者

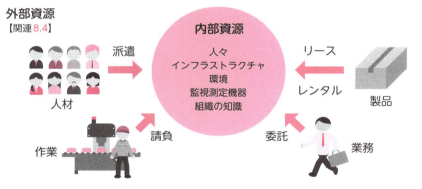

まとめ

- 支援とはシステムに必要な資源の提供、情報伝達、文書化のこと
- 資源の提供は内部資源や外部提供者からの取得を考慮する
- 内部資源か外部提供者かは柔軟に対応することが大切

Chapter 7　7 支援

30　7.1.2 人々

組織の役割を担うさまざまな機能に対して、**必要な人材を明確にして提供すること**を求めています。

● 資源でもっとも重要なのは「人々」

「事業は人なり」という言葉もあり、品質マネジメントシステムを担っているのは人であり、**資源の中でもっとも重要なのは人材、すなわち人々**です。品質マネジメントシステムでは、役割を分担した組織の各機能において品質マネジメントシステムの活動を実施すること、または品質マネジメントシステムで定めた**プロセスを運用し管理するための人々を明確にし、提供する**ことが要求されています。組織は、品質マネジメントシステムの機能またはプロセスの活動内容に応じて、どれだけの人数が必要になるかを明確にして、内部資源である正社員、パート社員などの配置、もしくは外部資源である契約社員などの配置を含めて必要な人数を提供しなければなりません。

組織はその際6.1のリスクに基づく考え方を用います。想定されるさまざまなリスクが顕在化したときに対処できるように、代行者を決めておくことが望まれます。

■ 人々が不足するリスク

● 人々の管理

組織の機能またはプロセスに配置された人々が、業務活動やプロセスの運用を行うためには、それらの人々が**業務を遂行する能力、及び運用する能力**を持つことが求められます。また、**業務活動やプロセスの運用に取り組むための正しい認識**を持っていることが求められます。これらの管理は「7.2 力量」、「7.3 認識」で要求されていますのでのちに詳しく述べます。

■ 品質マネジメントシステムの組織作り

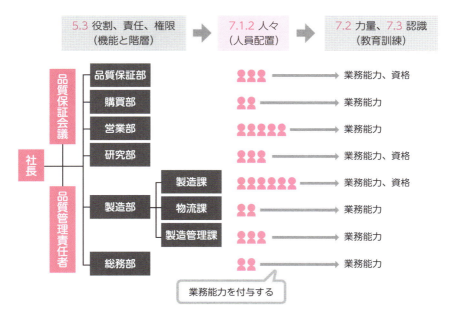

まとめ

- 資源の中でもっとも重要なのは人材である
- リスクに基づく考え方で、運用・管理に必要な人々を提供
- 人々には、7.2の力量、7.3の認識を備えることが求められる

Chapter 7　7 支援

31　7.1.3 インフラストラクチャ

プロセスの運用に用いられ、製品及びサービスの適合を達成するために必要なインフラストラクチャは、いつでも期待される機能を発揮できるように維持管理しておかなければなりません。

● インフラストラクチャの明確化

　インフラストラクチャは、「組織の運営のために必要な施設、設備及びサービスに関するシステム」と定義されており（P.70参照）、その内容は右ページの図に示すa) 建物・ユーティリティ、b) 設備、c) 輸送用資源、d) 情報通信技術があり、これらは経営資源として管理する必要があります。

　まず組織は、プロセスの運用に必要なインフラストラクチャ、並びに製品及びサービスの適合を達成するために必要な**インフラストラクチャを明確**にし、**提供**しなければなりません。たとえば、顧客に提供する製品やサービスの汚染を防ぐための適切な建物や部屋を作ることや、製品やサービスの精度を要求される場合には要求精度を満たすことのできる設備を設置することが相当します。

● インフラストラクチャの維持管理

　次に組織は、提供したインフラストラクチャについて**必要な状態を「維持」する必要**があります。この維持を怠ると、インフラストラクチャに故障が発生してその結果、提供する製品及びサービスの適合を達成することができなくなることがあります。インフラストラクチャは、その種類や目的に応じて**維持管理方法を決定し「設備機器管理リスト」「設備機器管理台帳」などにまとめておく**とよいでしょう。設備については、点検や保全活動を行うことによって必要な状態を維持します。輸送のための資源の中には、自動車、トラック、フォークリフトなど安全も関係することから法定点検が義務付けられているものもあ

ります。設備のソフトウェアや情報通信技術は、必要に応じてバックアップやセキュリティ対策を行うとともに、老朽化を防ぐために適切な時期に最新技術へ見直しすることが望まれます。

■ インフラストラクチャに含まれ得るもの

a) 建物及び関連するユーティリティ
b) 設備。これにはハードウェア及びソフトウェアを含む
c) 輸送のための資源
d) 情報通信技術

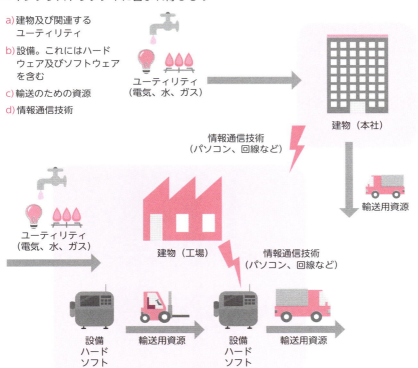

```
まとめ
▶ 運用に必要なインフラストラクチャを明確にして提供、維持する
▶ 製品・サービスの適合を達成するために必要なものを選定
▶ 設備機器管理台帳などで管理し、状態を維持する必要がある
```

7.1.4 プロセスの運用に関する環境

プロセスの運用に関する環境は、働く人にとっても、提供される製品及びサービスにとっても適切であることが望まれます。適切な環境は、人的要因と物理的要因の両方を満たさなければなりません。

● プロセスの運用に関する環境

組織は、プロセスの運用に必要な環境、並びに製品及びサービスの適合を達成するために必要な環境を明確にし、提供し、維持しなければなりません。また、**適切な環境は、社会的要因、心理的要因、物理的要因のような人的及び物理的要因が含まれる**といわれています。プロセスの運用に適切な環境は、働く人に対してはストレスなく効率的に働けるように、また、製品及びサービスに対しては要求される品質への適合を達成するために、気温、熱、湿度、明るさ、衛生状態、クリーン度、騒音、雰囲気、バリアフリーなどについて、幅広く整備することが求められます。

■ 環境の要因

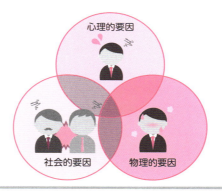

a) 社会的要因：差別、対立、ハラスメント
b) 心理的要因：ストレス、雰囲気、コミュニケーション、モチベーション
c) 物理的要因：気温、熱、湿度、明るさ、衛生状態、クリーン度、騒音など

◯ 作業環境の維持

作業環境を維持するための基本的な活動として、"5S活動"があります。**整理・整頓の2S活動に清掃、清潔、躾を加えたもの**です。もともと2S活動は、作業環境を整えるためにはじめられた活動ですが、作業環境を整えるだけにとどまらないで、人間教育的な要素も含まれていることから、広く一般的に普及している活動です。さらに組織独自の活動を加えて6S、7S…としたり、基本を重視して2S、3S…としたり、**組織の状況に合わせて適切な活動**をすることが望まれます。

■ 5S活動

整理：不要なものを捨てる
整頓：定められた場所に保管し、いつでも容易に取り出せるようにする
清掃：ゴミ、汚れを取り除く（掃除する）
清潔：ゴミ、汚れなどがないように維持する
躾　：挨拶する、ルールを守る、他人に迷惑をかけない

まとめ

- プロセスの運用、製品・サービス適合に必要な環境を提供・維持する
- 適切な環境は社会的、心理的、物理的要因の3つを含む
- 2Sや5Sなど、組織に合わせて作業環境の維持活動をする

33 7.1.5 監視及び測定のための資源

Chapter 7　7 支援

監視及び測定のための資源は、機器的なものと人的なものがあり、いずれも結果の妥当性や信頼性を求められることから、測定のトレーサビリティを含めた高度な維持管理を必要とします。

● 妥当な監視及び測定のための資源を明確にする

　組織は、製品及びサービスが要求事項に対して適合していることを検証するために**監視または測定を行う場合**、結果が妥当で信頼できるものであることを確実にするために**必要な資源を明確にし、提供しなければなりません**。ここでの資源とは、監視または測定をするための機器のほか、目視検査などの官能検査や目視確認などを行う人を指します。組織はそれらの資源について、次の2点を満たすように管理し、その証拠を**文書化した情報（記録）として保持**します。

a) **実施する特定の種類の監視及び測定活動に対して適切である**
　　例　1mmの寸法を測定するのにマイクロメーターを用いる
　　　　目視検査を行う検査員を模擬検査により選定している
b) **その目的に継続して合致することを確実にするために維持されている**
　　例　適切に保管し、定期的な校正と日常的な点検をしている
　　　　目視検査を行う検査員を定期的に視力管理している

　証拠として保持する文書化した情報（記録）には、校正記録、検証記録、調整記録、力量の証拠（視力検査結果など）、教育訓練記録などがあります。

● 7.1.5.2 測定のトレーサビリティ

　測定のトレーサビリティが要求事項となっている場合、または組織がそれを測定結果の妥当性に信頼を与えるための不可欠な要素とみなす場合、測定機器

が次の事項を満たさなければなりません。

a) 定められた間隔で又は使用前に、国際計量標準又は国家計量標準に対してトレーサブルである計量標準に照らして校正若しくは検証、又はそれらの両方を行う。そのような標準が存在しない場合には、校正又は検証に用いたよりどころを、文書化した情報として保持する
b) それらの状態を明確にするために識別を行う
c) 校正の状態及びそれ以降の測定結果が無効になってしまうような調整、損傷又は劣化から保護する

a) について、ISO 17025 認定を受けた外部校正機関ではトレーサビリティが保証されています。また、校正・検証のよりどころとして校正・検証手順、校正・検証記録を文書として保持するなどがあります。

測定機器が意図した目的に適していないことが判明した場合（すなわち校正はずれが判明した場合）、組織は、それまでに測定した結果の妥当性を損なうものであるか否かを明確にし、必要に応じて、適切な処置をとります。

■ 測定のトレーサビリティとは

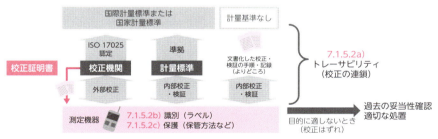

まとめ

- 監視・測定の資源とは、要求事項への適合を検証する機器や人
- 監視・測定の目的に適切な資源を提供し、適切さを維持する
- 測定のトレーサビリティが要求事項なら、機器の正確性を担保する

Chapter 7　7 支援

34　7.1.6 組織の知識

組織の持つ知識は、事業活動を継続するための財産であり、品質マネジメントシステムが管理する資源としてISO 9001:2015で追加されました。現在の知識と新しい知識についての管理方法が要求されています。

● プロセス運用に必要な組織の知識の維持・利用

組織は、プロセスの運用に必要な知識、並びに製品及びサービスの適合を達成するために必要な知識を明確にしなければなりません。「ナレッジマネジメント」という言葉があるように、世代交代などで働く人が変わっても組織として事業活動を継続していくためには**製品及びサービスの提供に関する技術的な知識を管理し、伝承**していく必要があります。ここで対象としている"知識"は、個人に備わっている知識ではなく、組織の事業活動に必要とされる組織の知識のことです。

組織は、この**知識を最新のものとして維持し、必要な範囲で利用できる状態にしなければなりません**。具体的にはこれらの知識を教育訓練によって伝えたり、プロセスの運用時に参照したりできるように文書化しておきます。

● 新しい知識の入手・アクセス方法の決定

組織は、変化するニーズ及び環境に対応するために、新しい知識を必要とすることがあります。そのときに備えて必要となる**追加の知識や更新情報を入手する方法やアクセスする方法を決定**しておかなければなりません。6.1のリスクに基づく考え方で、時間経過によって必要な知識が変化するリスクに対する取組みです。あらかじめ新しい知識の入手方法を決めておくことで、変化するニーズ及び傾向への迅速な対応を可能とし、製品・サービスや品質マネジメントシステムを継続的に改善することができます。

■ 組織の知識の管理方法

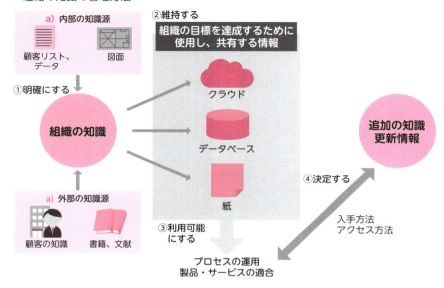

■ 内部、及び外部の知識の例

内部の知識	外部の知識
顧客リスト・データ 図面、仕様書、知的財産 購買先リスト・データ 作業手順、製造条件、記録 過去のトラブル、不適合、苦情、クレーム 是正処置 など	顧客の知識 業界の知識 外部提供者の知識 書籍、文献、調査資料、統計データ コンサルタント など

 まとめ

- 組織の知識とは、組織の目標達成のために使用・共有する情報
- 組織の知識は維持し、必要な範囲で利用できる状態にする
- リスクに取り組む場合、追加の知識・更新情報を得る方法決定

7 支援

125

Chapter 7　7 支援

35　7.2 力量

品質マネジメントシステムの人材は力量で管理します。業務に必要な力量を明確にし、働く人がその力量を身に付け、必要に応じて必要な力量を身に付けるための処置をとることが求められています。

● 人々の力量を明確化して備えさせる

組織は、品質マネジメントシステムの各機能（部門）を担う人々【関連7.1.2】の力量を管理しなければなりません。

a) **品質マネジメントシステムのパフォーマンス及び有効性に影響を与える業務をその管理下で行う人（又は人々）に必要な力量を明確にする**
b) **適切な教育、訓練又は経験に基づいて、それらの人々が力量を備えていることを確実にする**

力量を管理する対象は、品質マネジメントシステムの**パフォーマンス及び有効性に影響を与える業務をその管理下で行う人々**です。プロセスを運用する人だけでなく、それらの人を教育訓練する人や、インフラストラクチャ・作業環境・組織の知識を維持管理する人のような**プロセスの運用を支援する人も含みます**。組織は、これらの人々に**必要な力量を明確にし、**それらの業務を行う人々が必要な力量を経験を通じて備えているか、あるいは適切な教育、訓練を行って備えるようにする必要があります。

■ 力量の例

営業	交渉力、見積作成、情報提供など
設計	設計力、作図、検証、妥当性確認など
購買	供給先評価、受入検査、発注書作成など
製造	設備運転、原料投入、運転記録作成など

● 力量の向上

さらにそれらの力量は、必要に応じて向上することが求められています。

c) 該当する場合には、必ず、必要な力量を身に付けるための処置をとり、とった処置の有効性を評価する
d) 力量の証拠として、適切な文書化した情報を保持する

　管理下で働く人々が、業務に必要とされる力量を保有していない場合（"該当する場合"）には、組織は必ず、必要な力量を身に付けるための処置をとり、とった処置の有効性を評価しなければなりません。処置には、たとえば以下のようなものがあります。

- 現在雇用している人々に対する、教育訓練の提供、指導の実施、配置転換の実施
- 力量を備えた人々の雇用、そうした人々との契約締結

　a) b) c)の実施については、証拠となる**文書化した情報（記録）を保持**する必要があります。図のような記録文書があります。

■ 力量の確保とその記録の保持

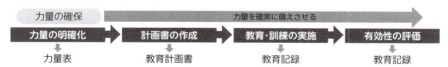

まとめ

- 各機能（部門）に必要な人々の力量を明確にする
- 必要な力量を備えるために教育訓練、指導、配置転換を実施する
- 力量の証拠として、適切な文書化した記録を保持する

Chapter 7　7 支援

36　7.3 認識

品質マネジメントシステムを確立し、実施し、維持し、継続的に改善するのは人です。組織の管理下で働く人々が力量を備えていると同時に、それを発揮するための適切な認識を持たせることが組織に求められます。

● 適切な認識を持たせる

　組織の管理下で働く人々が保有する力量を発揮して品質マネジメントシステムを有効に運用するために、組織はそれらの人々に、**品質方針、品質目標、品質マネジメントシステムの有効性への自らの貢献、要求事項に適合しないことの意味を認識**させることが必要です。ここでいう認識（awareness）は、単に内容を知っているだけでなく、自らの行動につなげる程度に能動的なこと、自覚することを求めています。認識は、力量がある人の認識不足による失敗防止を強化するために、力量と並ぶ重要な要素に位置付けられています。組織は働く人に、次の4項目について認識させなければなりません。

a) **品質方針**
　　組織が目指すことや、製品・サービスが要求事項を満たし、継続的に改善していくこと
b) **関連する品質目標**
　　自らの業務で目標としていること
c) **パフォーマンスの向上によって得られる便益を含む、品質マネジメントシステムの有効性に対する自らの貢献**
　　計画通りに活動することにより、目標達成や改善に寄与していること
d) **品質マネジメントシステム要求事項に適合しないことの意味**
　　ルール違反や、要求品質を満たさない製品またはサービスが発生すると、手直し、廃棄、苦情やクレーム、信用喪失などの影響につながること

認識を獲得させる方法

人々に認識を持たせるために、組織は、教育訓練やコミュニケーションを通じて必要な情報伝達を行います。認識の獲得に関連する要求事項には表のものがあります。

■ 認識の獲得に関連する要求事項の例

方法	例
教育訓練【関連7.2】	新人教育、育成教育、転入時教育など
コミュニケーション【関連7.4】	会議でのコメント、朝礼、掲示、回覧など
パフォーマンス評価【関連9.1】	育成教育のパフォーマンスを評価する

■「7.2 力量」と「7.3 認識」の関係　　■ 人々に認識を獲得させる

まとめ

- 品質方針と品質目標の認識は、組織の目的達成の基本となる
- 自ら貢献する利益と、適合しないことの不利益を認識させる
- 認識を持たせるために教育訓練やコミュニケーションを行う

Chapter 7　7 支援

37　7.4 コミュニケーション

品質マネジメントシステムで組織活動を行うために、必要な内部（管理下で働く人々の間）及び外部（組織と組織外部の利害関係者との間）のコミュニケーションを決めておくことが組織に求められます。

● 必要なコミュニケーションを決めておく

　組織は、品質マネジメントシステムに関連する内部及び外部のコミュニケーションについて決定しておくことが必要です。

　品質マネジメントシステムにおいてトップマネジメントは、方針や目標を管理下で働く人々に伝達し、品質マネジメントシステムをけん引して継続的に改善します。ISOのマネジメントシステムの組織管理はこのようなトップダウン方式ですが、改善提案などのボトムアップ活動も有効です。

　組織は顧客からの要求事項を受け、組織内の必要な機能及び外部提供者に必要な情報を伝達し、顧客要求を満足する製品及びサービスを提供します。これらの品質マネジメントシステムの活動を行うためには、組織の管理下で働く人々が必要とする情報を、**適切な方法で適切な時期に伝えることが必要**であり、そのためのコミュニケーションを決定します。

　具体的には、**a) 内容、b) 実施時期、c) 対象者、d) 方法、e) 行う人**、を決定します。また、コミュニケーションの証拠として文書化した情報（記録）の保持は要求されていませんが、コミュニケーションで伝えられた情報の重要性に応じて**組織の判断で必要な記録を残しておく**必要があります。これらを含めた組織内外のコミュニケーションの例を次ページの表に示します。

　コミュニケーションをするために必要なパソコンやメールシステム、情報管理システムなどのコミュニケーションツールは、インフラストラクチャ【関連7.1.3】として維持管理します。営業機能や接客サービス提供などに携わる人々については、人々のコミュニケーション能力を必要に応じて力量管理する【関連7.2】とよいでしょう。

■ コミュニケーションの例

内容	実施時期	対象者	方法	行う人	記録
年度計画	年度初め	プロセス管理者	方針／目標	トップマネジメント	方針／目標
パフォーマンス分析報告	毎月	トップマネジメント	報告書／会議	プロセス管理者	報告書／議事録
パフォーマンス監視測定結果	毎日	プロセス管理者	日報／管理システム	担当者	日報／システムデータ
パフォーマンス監視測定結果	交替時	後番者	引継ぎ	前番者	日報／システムデータ
業務連絡	毎朝	部員	朝礼	部課長、該当者	―
業務連絡	随時	対象者	掲示／メール	情報発信者	掲示物／メール
改善提案	随時	プロセス管理者	改善提案	担当者	改善提案
納品情報	納入時	顧客	納品書	出荷担当	納品書
購買情報	注文時	供給者	注文書	購買担当	注文書
新製品情報	11月	顧客	展示会	営業担当	コンタクトリスト
会社情報	適時	顧客	ホームページ	広報担当	ホームページ

まとめ

- 必要な情報を適切な方法で適切な時期に伝える必要がある
- 内容、実施時期、対象者、方法、行う人について決定する
- 文書化した情報の保持の要求はないが必要な記録は残しておく

Chapter 7　7 支援

38　7.5 文書化した情報

品質マネジメントシステムの文書化した情報には、ISO 9001規格が要求しているものと、組織が必要と判断して作成したものがあり、両者を適正に維持管理することが組織に求められます。

● 品質マネジメントシステムの文書化した情報

組織の品質マネジメントシステムに、次の2つを文書化して含める必要があります。

a) **この規格が要求する文書化した情報**
b) **品質マネジメントシステムの有効性のために必要であると組織が決定した、文書化した情報**

a) は、品質マネジメントシステムの根幹をなすものとして業種や規模を問わず作成する必要があります。一方、b) は、

・組織の規模、並びに活動、プロセス、製品及びサービスの種類
・プロセス及びその相互作用の複雑さ
・人々の力量

といった組織固有の状況に応じて、作成するかしないかの程度を組織の判断に委ねるものです。たとえば、少人数の下請け工場では大規模な大手製造業と比較してプロセスも単純で、管理する必要のある文書化した情報は少なくなります。

ISO 9001規格の**文書化した情報には、"維持する"ものと"保持する"**ものがあります。"維持する"文書化した情報は、最新版として管理するもので、文書化したマニュアル、手順、記録様式、方針、目標などがあります。"保持する"

文書化した情報は、監視・測定の結果などの証拠として手を加えずに保管するもので、記録様式に記載した情報（すなわち記録）、写真や動画などがあります。記録は「達成した結果を記述した，又は実施した活動の証拠を提供する文書」と定義されています（ISO 9000:2015 の 3.8.10）。

● 文書体系

品質マネジメントシステムを構築するときには、**必要とする文書化した情報を体系立てて整理**します。品質マネジメントシステムを文書化した品質マニュアルは、規格の作成要求はなくなりましたが、組織で必要性を判断して作成します。その下に、規程、プロセス、手順、記録様式、記録などを組織の状況に応じて体系的に構築します。

■ 文書体系の例

階層	内容
第1次文書	品質マニュアル、方針
第2次文書	規程、プロセス 業務フロー（大くくり）
第3次文書	工程表、作業手順書、業務フロー（詳細） 一覧表、計画書、帳票、様式など
記　録	実行した結果

■ 規格が要求する、維持する文書化した情報（文書）

項番	内容
4.3	品質マネジメントシステムの適用範囲
4.4.2	プロセスの運用を支援するための文書
5.2.2	品質方針
6.2	品質目標
8.1	プロセスが計画通りに実施されたという確信を持つための文書
8.1	製品及びサービスの要求事項への適合を実証する文書

■ 規格が要求する、保持する文書化した情報（記録）

項番	内容
4.4.2	プロセスが計画どおりに実施されたと確信するための記録
7.1.5.1	監視及び測定のための資源が目的と合致している証拠
7.1.5.2	標準が存在しない場合、校正又は検証に用いたよりどころ
7.2	力量の証拠
8.1	プロセスが計画どおりに実施されたという確信をもつための記録
8.1	製品及びサービスの要求事項への適合を実証する記録

8.2.3.2	製品及びサービス提供に関連する要求事項のレビューの結果、製品及びサービスに関する新たな要求事項
8.3.3	設計・開発へのインプット
8.3.4	設計・開発のレビュー、検証、妥当性確認及び問題に対して取った必要な処置
8.3.5	設計・開発からのアウトプット
8.3.6	設計・開発の変更、レビューの結果、変更の許可、悪影響を防止するための処置
8.4.1	外部提供者の評価、選択、パフォーマンスの監視、及び再評価及びそれらによって生じる必要な処置
8.5.2	トレーサビリティを可能とするために必要な記録
8.5.3	顧客若しくは外部提供者の所有物について、発生した事柄についての記録
8.5.6	製品及びサービス提供に関する変更のレビューの結果、変更を正式に許可した人々及びレビューから生じた必要な処置の記録
8.6	製品及びサービスのリリースについて、合否判定基準を伴った適合の証拠及びリリースを正式に許可した人（人々）に対するトレーサビリティの記録
8.7	不適合、とった処置及び不適合に関する処置について決定を下す権限をもつ者の特定の記録
9.1.1	パフォーマンス及び品質マネジメントシステムの有効性の評価結果の証拠
9.2.2	監査プログラムの実施及び監査結果の証拠
9.3.3	マネジメントレビューの結果の証拠
10.2	不適合の性質及びそれに対してとったあらゆる処置の証拠、是正処置の結果の証拠

● 作成する文書化した情報に求められていること

7.5.2では、文書化した情報を作成及び更新する際に、組織は次の3つを確実にしなければなりません。

a) 適切な識別及び記述（例えば、タイトル、日付、作成者、参照番号）
b) 適切な形式（例えば、言語、ソフトウェアの版、図表）及び媒体（例えば、紙、電子媒体）
c) 適切性及び妥当性に関する、適切なレビュー及び承認

a) は、必要とする文書化した情報を探し出しやすくするためです。タイトル、日付、作成者、参照番号などの適切な識別や記述が必要です。また、文書化した情報を更新するときには、新版と旧版を識別できるように版番号を付けて管理します。

b) は、使いやすくするための適切な形式と媒体の選択です。その目的に応じて図表、写真、音声、動画、働く人が理解できる言語などの適切な形式を使用し、その取扱いに応じて紙媒体や電子媒体などの適切な媒体を使用します。

c) は、内容を適切にするためです。作成及び更新の責任者を決めておき、

内容の適切性、妥当性について責任者のレビューと承認を受けることが必要です。責任者は、文書化した情報の内容をレビューして承認した証拠として、文書化した情報に押印またはサインをします。

● 文書化した情報の管理に求められていること

組織は、7.5.3.1に従って文書化した情報を管理しなければなりません。

a) **文書化した情報が、必要なときに、必要なところで入手可能かつ利用に適した状態である**
b) **文書化した情報が十分に保護されている（例えば、機密性の喪失、不適切な使用及び完全性の喪失からの保護）**

　a) については、紙媒体では適切な配布方法を、電子媒体では適切な保管環境とアクセス管理を確立します。また、最新版に更新し、利用に適した状態に保つ必要があり、変更した場合は版管理を行って保管・保存しておきます。

　b) は、とくに電子媒体で文書化した情報が、機密性の喪失や不適切な使用及び完全性の喪失に対して非常に脆弱ですので、**セキュリティ対策やアクセス権限を定め、バックアップをとるなど十分に保護しておくこと**が必要です。

　7.5.3.2で、管理にあたって該当する場合には、組織は必ず次の行動に取り組みます。

a) **配付、アクセス、検索及び利用**
b) **読みやすさが保たれることを含む、保管及び保存**
c) **変更の管理（例えば、版の管理）**
d) **保持及び廃棄**

　新版に置き換えられた旧版の文書化した情報（旧文書）と活動の証拠として保持する文書化した情報（記録）は、**顧客要求、法的要求、そのほか製品及びサービスの寿命に応じた組織の要求によって定められた保管期間保持した後に廃棄**します。

■ 文書化した情報の管理の流れ

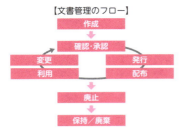
【文書管理のフロー】

【記録管理のフロー】

● 外部文書

7.5.3.2では、さらに品質マネジメントシステムの計画や運用のために組織が必要と決定した**外部で作成された文書化した情報は、必要に応じて識別し、管理する**ことが要求されています。これには、ISO 9001規格のほか、契約書、仕様書、図面、校正証明書などの顧客や外部提供者からの文書化した情報が含まれます。これらのうち機密性の高いものにはとくに注意が必要です。顧客または外部提供者の所有物であり目的を達成した後に返却する文書化した情報は、組織は管理に注意を払わないといけません【関連8.5.3】。

まとめ

- 文書化した情報は必要なときに入手可能で最新の状態にする
- セキュリティ対策、バックアップなどで**機密性・完全性を保護**
- 外部文書は必要に応じて識別、管理し、保護に注意を払う

「7 支援」の監査のポイント

品質マネジメントシステムを支える要素として資源、または支援のしくみが適切に維持管理されていることを監査します。特に人材育成につながる力量、認識については教育訓練のニーズ、計画、実施、有効性確認について監査します。

8 運用

箇条8は、品質マネジメントシステムの運用についての規定です。製品及びサービスを提供する主要プロセスに関連しており、要求事項がもっとも多いところです。組織の事業活動に関わる要求ですので、箇条6で計画した品質目標と実行計画に従って、各プロセスを運用していきます。

Chapter 8　8 運用

39　8.1 運用の計画及び管理

8.1は箇条8の運用全般に関わる計画と管理について包括的な要求です。製品及びサービス提供に関わるプロセスの基準、製品及びサービスの合否判定基準や資源を決定してプロセスを運用、管理することが求められます。

●「8 運用」のポイント

　品質マネジメントシステムの運用は、**顧客の要求する製品やサービスを提供する活動（プロセス）に関連**します。これらのプロセスについては、顧客に提供する製品及びサービスに対する要求事項の決定（8.2）、今までに提供経験のない製品及びサービスを設計・開発（8.3）、製品及びサービスに必要な外部調達（8.4）、製品の製造及びサービス提供（8.5）、及び、製造及びサービス提供の各過程において合否判定（検査）して次のステップに移すこと（リリース）（8.6）、検査で不適合なアウトプット（製品及びサービス）の取扱い（8.7）に関する要求事項に細分化されて要求されています。

■ 運用のプロセス

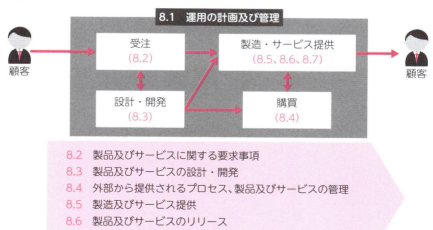

8.2　製品及びサービスに関する要求事項
8.3　製品及びサービスの設計・開発
8.4　外部から提供されるプロセス、製品及びサービスの管理
8.5　製造及びサービス提供
8.6　製品及びサービスのリリース
8.7　不適合なアウトプットの管理

品質マネジメントシステムの運用のプロセス

　製品やサービスを提供する活動は、組織の事業プロセスです。組織が**事業プロセスへ品質マネジメントシステム要求事項を統合**しようとする場合に、事業プロセスで実施していることと、品質マネジメントシステム要求事項の意図していることを照らし合わせて、検討することが望まれます。

運用の計画及び管理で行うこと

　品質マネジメントシステムの運用のプロセスは、製品及びサービスの提供に関する要求事項を満たすために必要なプロセスです。それらのプロセスでは、たとえば品質目標のような箇条6で決定した**リスク及び機会への取組みを実施するために計画し、実施し、かつ、管理**します【関連4.4】。

　これらのプロセスでは、次のa)〜e) を実施する必要があります。

a) 製品及びサービスに関する要求事項の明確化
b) 次の事項に関する基準の設定
　1) プロセス
　2) 製品及びサービスの合否判定
c) 製品及びサービスの要求事項への適合を達成するために必要な資源の明確化
d) b) の基準に従った、プロセスの管理の実施
e) 次の目的のために必要な程度の、文書化した情報の明確化、維持及び保持
　1) プロセスが計画どおりに実施されたという確信をもつ
　2) 製品及びサービスの要求事項への適合を実証する

　運用の計画のアウトプットには規定書、手順書、フロー図（P.140参照）、工程表、管理図、記録様式などがありますが、これらは組織の運用に適したものにします。外部委託したプロセスを持つ場合、組織は、外部委託先に要求事項を伝達し、管理状況の報告を受け、必要に応じて監査してそのプロセスが管理されていることを確実にします（8.4）。

変更の管理

組織は、必要に応じて、変更による有害な影響を軽減するように処置します。

①**計画した変更【関連6.3】**：業務活動（プロセス）を変更する場合（人員、手順、資源、インプット、アウトプットの変更など）、製品及びサービス、法規制などの要求事項を満たせるように計画して管理します。
②**意図しない変更**：緊急事態や事故などによりやむを得ず設定した業務活動（プロセス）を変更する場合、変更後の製品・サービスの適合性などをレビューし有害な影響を軽減するよう処置します。

文書類でプロセスを管理する

プロセスの連鎖によりプロセスのつながりと順序をわかりやすくまとめたのが「プロセスフロー図」です。営業、開発、購買、製造またはサービス提供などの大きなプロセスについても、それぞれのプロセスの中の小さなプロセスについても適用できます。プロセスの内容については、**インプット／アウトプット、責任者、関連する文書類、プロセスの基準（目標）などを規定**します。また、**タートル図**（P.182参照）と組み合わせることで、よりフローの全体図を確認することができます。

■ プロセスフロー図

プロセス名	①受注プロセス	プロセスオーナー		営業部署長	
プロセスフロー	業務内容	担当者	責任者	関連文書・記録	条項
目標設定	年度目標策定	営業部長	営業部長	「目標管理・実施計画表」	6.2
顧客とのコミュニケーション／引合い	顧客訪問、電話、FAX、商品説明会、宣伝・広告	営業担当	営業部長	「顧客打合せ記録」	
要求事項確認	顧客要求事項の明確化	営業担当	営業部長	「受注管理記録表」（"見積書"、"受注書"）	8.2.2

能力確認	顧客要求事項のレビュー 品番、数量、納期など	営業担当	営業部長	「受注管理記録表」（"見積書"、"受注書"）	8.2.3
見積	「見積書」作成	営業担当	営業部長	"見積書"	8.2.3
受注	「受注伝票」作成	営業担当	営業部長	"受注書"	8.2.3 8.2.4
納品		外注	営業部長	"納品書""製品仕様書"「外部提供者評価表」「外部提供者リスト」	8.4.1
(アフターサービス)	「契約書」で注文内容の確認 アフターサービス実施	関係部署	営業部長	「受注管理記録表」「アフターサービス記録」	8.2.3 8.2.4
満足度調査	顧客訪問、アンケート調査	営業担当	営業部長	"お客様アンケート"「顧客満足度集計表」	9.1.2
分析・評価	プロセスパフォーマンス評価 目標達成度の分析、評価	営業担当	営業部長	「パフォーマンス評価表」「目標管理・実施計画表」「マネジメントレビュー記録」	9.1.1 9.3
改善	改善検討	営業部長	管理責任者	「是正処置報告書」	10.2 10.3
END					

まとめ

- 必要なプロセスを計画、実施、管理することが求められている
- 評価基準を目標として計画を立て文書化し、達成状況を評価する
- プロセスの変更の際は、変更による有害な影響を軽減する

Chapter 8　8 運用

40　8.2.1 顧客とのコミュニケーション

顧客に製品及びサービスを提供する活動において、顧客の要求を知ることをはじめとする顧客とのコミュニケーションは非常に重要な役割を担っています。

● コミュニケーションの種類

組織が行う顧客とのコミュニケーションには、必ず以下の５つを含みます。

a) **製品及びサービスに関する情報の提供**
b) **引合い、契約又は注文の処理。これらの変更を含む**
c) **苦情を含む、製品及びサービスに関する顧客からのフィードバックの取得**
d) **顧客の所有物の取扱い又は管理**
e) **関連する場合には、不測の事態への対応に関する特定の要求事項の確立**

　a) は、組織の製品及びサービスを顧客に選んでもらうために行う、**潜在的な顧客及び顕在化した顧客に対して製品及びサービスに関する情報提供**のことです。情報提供の方法は、ホームページ、カタログ、広告、宣伝、展示会、マスコミ発表、ダイレクトメール、訪問販売などさまざまな方法から目的や期待効果に応じて選択します。

　b) は、製品及びサービスに関する引合い、その受付け、**顧客とより詳細なコミュニケーションを重ねて、注文（契約）を取る**ことです。また、顧客あるいは組織の事情などにより注文を受諾した後に内容を変更する場合には、相応なコミュニケーションをとります。これらの受注活動は、組織が提供する製品及びサービスに関する重要なインプット情報を提供します。

　c) は、製品及びサービスの提供後に、提供した製品及びサービスに対して顧客が満足したかどうかを知ることです。これらは継続的な取引をする上で重要な情報であり、**フィードバックによって得られた顧客の受け止め方に関する**

情報を、次の展開のために検討することを意図しています【関連 9.1.2】。

d）は、製造及びサービス提供のために顧客の所有物を預かるとき、**預かる顧客所有物の取扱いまたは管理について顧客と取り決めておく**ことです。たとえば、預かる可能性のある顧客所有物として製造に用いる図面、成形加工用の金型、検査用の治具、サービス提供のための個人情報などがあります。預かった後の顧客所有物の管理の仕方については8.5.3で要求されています。

e）は、**不測の事態が発生したときの対応について、あらかじめ取決めをしておく**ことです。「関連する場合」とは、注文を受けてから製品及びサービスを提供するまでに比較的時間がかかり、かつ必要と考えられる場合のことです。この取決めは、取引契約書や注文書に記載することがあります。

■ コミュニケーションの例

	顧客とのコミュニケーションの例
a) 情報提供	製品及びサービスに関する情報提供。受注前の活動も含む/受注前の活動（カタログ、ホームページ、問合せ対応、宣伝広告、展示会など）
b) 受注活動	受注時の活動（商談、見積、取引契約、注文処理、オンライン発注システムなど）、関連する変更を組織が顧客に知らせる方法
c) フィードバック	好ましいもの好ましくないものを含めフィードバックを取得する受注後の活動（苦情・クレーム、要望、問合せへの対応）
d) 顧客所有物	顧客所有物を預かるときの取扱いまたは管理について取決める
e) 不測の事態	自然災害や天候、原材料供給不足の事態が発生した場合の対応方法の取り決め

まとめ

- 顧客とのコミュニケーションは非常に重要な役割を担う
- 情報提供、受注活動、フィードバックの取得、顧客所有物の取扱い、不測の事態への対応の5つを必ず含める

41 8.2.2 製品及びサービスに関する要求事項の明確化

Chapter 8　8 運用

顧客に製品及びサービスを提供するための第一歩は、製品及びサービスに何が求められているのか（要求事項）を明確にすることからはじまります。

● 要求事項を明確にする

　顧客は製品及びサービスに関する要求事項をすべて組織に要求してくるわけではありません。組織は、**顧客に提供する製品及びサービスにどのような要求事項があるのかを明確にしなければなりません。**

　たとえば、組織のカタログやホームページなどに掲載されている製品及びサービスの目的や、メリット（組織の主張）を満たせるかどうか（8.2.2b) 製品及びサービスの目的）、また組織の営業活動を通じて顧客とコミュニケーションして得た製品及びサービスに関する顧客のニーズや期待は何か（顧客要求事項）、製品及びサービスに適用される法規制要求事項は何か（8.2.2a) 1) 法規制要求事項）、その製品及びサービスを提供する際に自社で設定している品質に関する自社基準は何か（8.2.2a) 2) 組織の要求事項）、を明確にすることを要求されています。

■ 要求事項を明確にする

- 製品及びサービスの目的（8.2.2b)）
- 顧客要求事項【関連 4.2】
- 法規制要求事項（8.2.2a) 1)）
- 組織の要求事項（8.2.2a) 2)）
- 製品及びサービスに関する要求事項

組織は、製品及びサービスの要求事項を明確にする

● 組織の主張を満たす

　組織は、顧客に選んでもらうために組織の製品及びサービスの内容をカタログやホームページで主張しています。顧客に提供する製品及びサービスに関する**要求事項を明確にするとき、組織は 8.2.2b) に基づいて、これらの主張を満たすことを確実にしなければなりません**。すなわち、品質、価格、納期、その他、主張していることを満たさなければ顧客満足にはつながりません。たとえば、図のようなものが組織の主張する要求事項です。

■ 組織の主張の例

カタログ、ホームページ、広告、パンフレット、コマーシャルメッセージなど

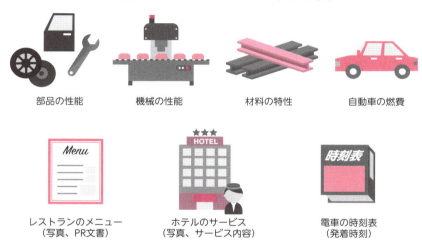

製品及びサービスの要求事項を明確にするとき、組織の主張を満たさなければならない

まとめ

- 顧客のニーズを把握し製品・サービスの要求事項を明確にする
- 法規制要求事項と組織の要求事項を含めることを確実にする
- 組織が製品・サービスに関し主張していることを確実に満たす

8.2.3 製品及びサービスに関する要求事項のレビュー

顧客に製品及びサービスの提供を約束する前に、顧客からの要求事項、組織が供給できるかどうかの能力などを含めて要求事項をレビューします。顧客に提供する約束は、文書化した情報として保持します。

● 8.2.3.1 要求事項のレビュー

　顧客に提供する製品及びサービスに関する要求事項を満たす能力を持つことを確実にし、製品及びサービスを提供することを約束する前に、次に関する**要求事項をレビュー**しなければなりません。

a) 引渡し及び引渡し後の活動を含む、顧客が規定した要求事項
b) 顧客が明示していなくても、既知の用途である場合にはその用途に応じた要求事項
c) 組織が規定した要求事項
d) 適用される法令・規制要求事項
e) 以前に提示されたものと異なる、契約または注文の要求事項

　以前に定めた内容と異なる契約または注文の要求事項（すなわち新しい要求事項）については、製品及びサービスの提供を約束する前に新しい要求事項に対応できるようにしておかなければなりません。

■ 要求事項のレビュー

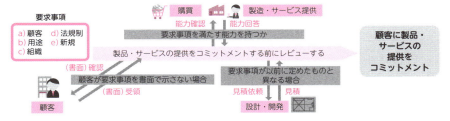

顧客が、要求事項を書面（文書）で示さない場合には、受諾する前に、顧客の要求事項を確認しなければなりません。

■ 顧客が要求事項を書面で示さない場合の確認の例

レストランで顧客の注文を
復唱して確認する

リピート製品の電話注文に対して、
注文確認のFAXを送る

● 8.2.3.2 文書化した情報の保持

　顧客に提供する製品及びサービスに関する要求事項のレビューにおいて、

a) **レビューの結果**
b) **製品及びサービスに関する新たな要求事項**

　を**文書化した情報（記録）として保持**することが求められています。一般的には、見積書、提案書、仕様書、契約書、受注書、電子メール、パソコン・端末内へのシステムデータなどに記録されます。

まとめ

- 顧客へ製品などの提供の約束前に5つの要求事項をレビューする
- 顧客が書面で示さない場合は受託前に要求事項を確認する
- 要求事項のレビューは文書化した情報として保持する

43 8.2.4 製品及びサービスに関する要求事項の変更

Chapter 8 　8 運用

製品及びサービスを提供することを約束した後に製品及びサービスに関する要求事項が変更された場合、変更された内容を確実に伝達し、対応するために組織が行うべきことが定められています。

● 要求事項の変更

　組織は、製品及びサービスに関する要求事項が変更されたときには、**関連する文書化した情報を変更することを確実にしなければなりません**。組織が顧客に製品及びサービスを提供することをコミットメントした後に 8.2.3.1 の a)～e) が変更された場合、組織は、その変更内容をレビューして対応する必要があります。これらの変更の発生源は異なりますので、組織のどの機能（部門）でその変更を検出し、関連する文書化した情報を変更するか決めておく必要があります。関連する文書化した情報には、顧客に対するものと社内の各機能（部門）に対するものがあります。

■ 要求事項の変更

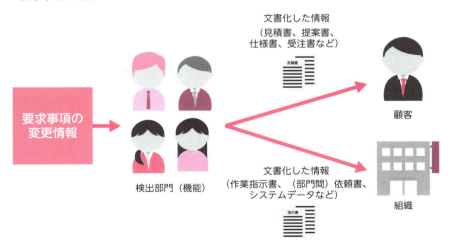

● 変更の伝達

規格は、変更後の要求事項が、関連する人々に理解されていることを確実にすることを要求しています。組織はすでにコミットメントした文書化した情報の下で製品及びサービスを提供する活動をはじめていますので、**変更された文書化した情報を関連する人々（顧客及び社内の各機能部門）に伝達**し、関連する人々に理解されて活動に反映されることを確実に行えるように効果的な手順を決めておくとよいでしょう。

■ 変更の検出機能の例

8.2.3.1で定める要求事項	変更を検出する機能（部門）の例
a) 顧客が規定した要求事項。これには引渡し及び引渡し後の活動に関する要求事項を含む	営業
b) 顧客が明示してはいないが、指定された用途又は意図された用途が既知である場合、それらの用途に応じた要求事項	営業、設計・開発
c) 組織が規定した要求事項	設計・開発、製造・サービス提供
d) 製品及びサービスに適用される法令・規制要求事項	設計・開発
e) 以前に提示されたものと異なる、契約または注文の要求事項	営業

まとめ

- 要求事項が変更されたら文書化した情報を確実に変更する
- 変更後の要求事項が関連する人々に確実に理解されるようにする
- 変更後の要求事項を文書化した情報で関連する部門に伝達する

Chapter 8 8 運用

44 8.3 製品及びサービスの設計・開発、8.3.2 設計・開発の計画

設計・開発は、顧客に提供する製品及びサービスの品質に直結することから、運用の中でも重視されており、設計・開発を行う組織は設計・開発のプロセスを確立し、実施し、維持しなければなりません。

● 8.3 製品及びサービスの設計・開発

　過去に提供経験のない製品及びサービスを顧客に提供するとき、組織は「以降の製品及びサービスの提供を確実にするために**適切な設計・開発プロセスを確立し、実施し、維持**」しなければなりません。「以降の製品及びサービスの提供」には、製造及びサービス提供に関すること【関連8.5】はもちろん、それに伴う外部から提供されるプロセス、製品及びサービスに関すること【関連8.4】、製品及びサービスのリリースに関すること【関連8.6】、不適合なアウトプットの取扱いに関すること【関連8.7】のすべてが含まれます。設計・開発プロセスは、これらの活動を確実にするために、製品及びサービスの**仕様、製造及びサービス提供の方法、外部から調達するプロセス**、製品及びサービスの**検査の方法、不適合なアウトプットの取扱い方法**などを決定するプロセスです。

　製品及びサービス提供に関するこれらの設計・開発の役割・責任が組織にある場合には、品質マネジメントシステムの**適用範囲に設計・開発を入れなければなりません**。業種や組織によっては、設計・開発の要求事項のすべてについて役割・責任を持つ場合もあれば、設計・開発の要求事項の一部だけの役割・責任を持つ場合もあります。たとえば、自社ブランドの製品では、製品の仕様設計、原材料選定と調達、その製品の製造、保管、輸送などすべての工程に責任をもちますが、支給原材料を用いた顧客設計の製品では、製造から輸送までの責任を持つだけです。組織がどのような設計・開発を行うのかは、8.3.2に挙げられた事項を考慮して決定します（設計・開発の計画）。

● 設計・開発プロセスの構成

　設計・開発プロセスは、新しい製品及びサービスを創出するプロセスであり、顧客満足に直結する重要なプロセスですので、設計開発の計画を立て（P.153の「開発計画書」参照）、設計開発の根拠となるインプット内容を明確にし、設計開発の進捗状況やアウトプットを管理するために、レビュー、検証、妥当性確認という方法を用いて行います。さらに、組織はアウトプット、設計開発プロセスにおける変更管理も規格の要求に従って行う必要があります。設計開発プロセスの評価基準は、これらの方法に関連した内容やスケジュール（進捗度合）に関することがよいでしょう。

■ 設計・開発のプロセス

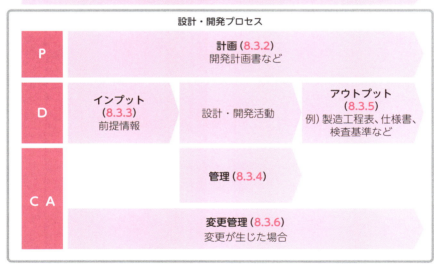

● 8.3.2 設計・開発の計画

　設計・開発のプロセスを有効なものにするために、8.3.2では、以下に示すような**設計・開発の段階及び管理を決定するに当たって考慮する事項**を定めて

います。組織は、これらの事項を考慮して、設計・開発計画を立てなければなりません。

a) 設計・開発活動の性質、期間及び複雑さ
b) 要求されるプロセス段階。これには適用される設計・開発のレビューを含む
c) 要求される、設計・開発の検証及び妥当性確認活動
d) 設計・開発プロセスに関する責任及び権限
e) 製品及びサービスの設計・開発のための内部資源及び外部資源の必要性
f) 設計・開発プロセスに関与する人々の間のインターフェースの管理の必要性
g) 設計・開発プロセスへの顧客及びユーザーの参画の必要性
h) 以降の製品及びサービスの提供に関する要求事項
i) 顧客及びその他の密接に関連する利害関係者によって期待される、設計・開発プロセスの管理レベル
j) 設計・開発の要求事項を満たしていることを実証するために必要な文書化した情報

　設計・開発計画は業種や組織によって名称や様式が異なりますが、規格の要求事項を満たす内容であることが必要です。これらには、たとえば、次ページのような開発計画書やプロジェクト計画書、設計計画書、設計日程表、商品企画書といったものがあります。組織は、設計・開発のプロセスを計画的に行い、適切な管理をすることによって、設計・開発の活動そのものを有効にし、かつそこからのアウトプットを有効にしなければなりません。

まとめ

- 設計・開発の段階、管理決定に当たり考慮する事項を理解する
- 設計・開発活動前に上記事項を考慮して計画を立てる
- 業種などにより名称、様式は異なるが要求を満たすことが必要

■ 開発計画書

開発計画書

計画	新規開発品の名称						確認	作成
	実施段階	□構想　□簡易試作　□本試作						
	実施計画	審査			年　月　日		課長	担当
		検証			年　月　日			
		妥当性確認			年　月　日			
		妥当性確認方法	図面照合・試作品確認・顧客了承					
		担当者						
	関連部署 (インターフェース)	□営業総務（　　　　　　）□工場（　　　　　　　） □顧客（　　　　　　）□その他（　　　　　　）						
インプット	製品要求事項に関するインプット情報						確認	作成
	a) 機能及び性能　：						課長	担当
	b) 以前の類似設計：							
	c) 法令・規制　　：							
	d) 標準又は規範　：							
	e) 設計失敗　　　：							
	f) その他　　　　：							
	インプット情報のレビュー							
	実施日		年　月　日	記　録				
	備　考：							
アウトプット	アウトプット情報	□仕様書 □QC工程表 □図面 □作業標準書 □他（　　　）					確認	作成
	アウトプット 情報の確認	□インプット要求事項（□a項 □b項 □c項 □d項 □e項 □f項） □購買製造サービスの提供に対する適切な情報 □製品の合否判定基準（参照：　　　　　　） □安全性・機能性等、設計上の重要特性					課長	担当
審査	実施日				年　月　日		確認	作成
	出席者						課長	担当
	記　録	a) 設計・開発の結果が要求事項を満たせるかどうか b) 問題の明確化、必要な処置提案 c) 必要な処置						
検証	実施日				年　月　日		確認	作成
	記　録	a) 検証方法					課長	担当
		b) 検証結果						
		c) 必要な処置						
妥当性確認	実施日				年　月　日		確認	作成
	記　録	a) 確認結果					課長	担当
		b) 必要な処置						
変更	実施日				年　月　日		確認	作成
	記　録	a) 変更内容（インプット情報参照）					課長	担当
		b) 影響評価						

様-8.3　(201X/XX/X版)

8　運用

8.3.3 設計・開発へのインプット

Chapter 8 8 運用

45

設計・開発へのインプットは製品及びサービスの設計・開発の内容に影響を与える大変重要な要素です。そのため、インプット内容を考慮事項として規定し、記録として残しておかなければなりません。

● 適切で、漏れがなく、曖昧でない情報を集める

顧客に提供する製品及びサービスの内容は、さまざまな要求事項や情報に基づき、かつそれらを満たしたものでなければなりません。組織は、「設計・開発する特定の種類の製品及びサービスに不可欠な要求事項」を明確にしなければなりませんが、8.3.3はその際に考慮することを挙げています。

これらの設計・開発へのインプットについて、「設計・開発の目的に対して**適切で、漏れがなく、曖昧でない**」ことが必要です。設計・開発する製品・サービスの品質が、顧客要求を含むさまざまな要求事項を満たす前提となるからです。

● 設計・開発へのインプット間の相反は解決しておく

インプットはさまざまな利害関係者からの要求事項であるために、それらが相反していることもあります。そこで「設計・開発へのインプット間の相反は、解決しなければならない」ことになります。たとえば、製品の機能に関する顧客要求と組織が提供することをコミットメントしている機能が相反している場合や、経験上1カ月の設計・開発期間を要する課題に対し、顧客の納期要求が1週間であるというような場合には、設計・開発をはじめる前に調整が必要になります。

設計・開発の**インプット（前提条件）は、文書化して保持**しておく必要があります。

■ 設計・開発へのインプットの例

8.3.3で定める考慮すべき事項	インプットの例
a) 機能及びパフォーマンスに関する要求事項	顧客要求事項、自社の要求事項
b) 以前の類似の設計・開発活動から得られた情報	設計・開発のノウハウ（図面、仕様書を含む）、期間や工数
c) 法令・規制要求事項	国内外の法規制
d) 組織が実施することをコミットメントしている、標準または規範	業界標準・規範、顧客の標準・規範、自主基準
e) 製品及びサービスの性質に起因する失敗により起こり得る結果	クレーム事例、リスク分析結果

■ インプット間の相反は解決しておく

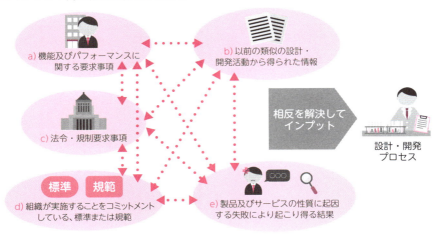

まとめ

- 特定種類の製品・サービスに不可欠な要求事項を明確にする
- 設計・開発の目的に適切で、漏れなく、曖昧でないこと
- 複数のインプット間の相反を解決してから設計・開発を始める

Chapter 8　8 運用

46　8.3.4 設計・開発の管理

設計・開発を行う具体的な方法は業種や組織によって大きな差がありますが、設計・開発を管理する方法は、業種や組織によらず、規格化された方法で行います。

● 設計・開発は規格化された方法で管理する

　組織は、次の6点を確実にするように、設計・開発プロセスを管理しなければなりません。

a) 達成すべき結果を定める
b) 設計・開発の結果の、要求事項を満たす能力を評価するために、レビューを行う
c) 設計・開発からのアウトプットが、インプットの要求事項を満たすことを確実にするために、検証活動を行う
d) 結果として得られる製品及びサービスが、指定された用途又は意図された用途に応じた要求事項を満たすことを確実にするために、妥当性確認活動を行う
e) レビュー、又は検証及び妥当性確認の活動中に明確になった問題に対して必要な処置をとる
f) これらの活動についての文書化した情報を保持する

　a）の設計・開発が**達成すべき結果**とは、顧客要求事項及び用途に応じたその他の要求事項を満たした**製品及びサービス**、並びにそれらを提供するために必要となる**原材料・工程・検査**などの**すべてのアウトプット**のことです。達成すべき結果を定めることにより、携わる人々が効果的・効率的に設計・開発することができます。

　b）の**レビュー**は、設計・開発の適切な段階において成果を評価し、アウトプッ

トがインプット要求事項を満たしているかどうかを確認（検証）したり、問題点を明らかにして対処したり、設計・開発計画の見直しを検討します。

c) の**検証**は、インプットした要求事項をアウトプットが満たしているかどうかを確認することですが、**異なる視点から確認することや、過去に実績のある設計・開発結果と比較する**ことも有効です。

d) の**妥当性確認**は、顧客からの明確な要求事項がない場合でも、その製品及びサービスが妥当である（適切である）ことを確認します。妥当性確認の方法については、**シミュレーション、試作品による試験、モニターテスト、限定販売**、などがあります。

レビュー、検証、妥当性確認で明確になった問題は、結果の修正や設計・開発のやり直し、それに伴う設計・開発計画の変更などの**必要な処置**を取ります。

活動結果として**保持する文書化した情報**には、報告書、会議議事録や顧客の確認書などがあります。

レビュー、検証、妥当性確認はそれぞれ異なる目的の活動ですので、目的に応じて単独または適切に組み合わせて行います。

■ 設計・開発の管理

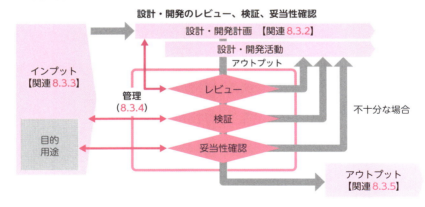

まとめ

▶ 達成すべき結果を定め、レビュー・検証・妥当性確認を行う

Chapter 8　8 運用

47　8.3.5 設計・開発からのアウトプット

設計・開発からのアウトプットは、以降の製品及びサービスの提供を確実にするためのもので、文書化した情報として必要とされるプロセスに伝えられて使用されます。

● 設計・開発に求められるアウトプットとは

設計・開発からのアウトプットは次の4点を確実にしなければなりません。

a) **インプットで与えられた要求事項を満たす**
b) **製品及びサービスの提供に関する以降のプロセスに対して適切である**
c) **必要に応じて、監視及び測定の要求事項、並びに合否判定基準を含むか、又はそれらを参照している**
d) **意図した目的並びに安全で適切な使用及び提供に不可欠な、製品及びサービスの特性を規定している**

　a) のインプットされた要求事項を満たすかは、**検証によって確認**され、要求事項を満たしていない場合には適切な処置を取ります【関連8.3.4】。

　b) の顧客に製品及びサービスを提供するまでの以降のプロセスには、購買プロセス、製造プロセス、保存・輸送プロセスなどがあります。購買プロセスに対しては原材料指定・部品仕様書など、製造プロセスに対しては工程表、手順書、条件表など、保存・輸送プロセスに対しては梱包仕様、保存条件、輸送方法などがあります。それぞれ適切な形式のものが求められます。

　c) の、これらのプロセスに対して必要に応じて何を監視・測定し、その合否判定基準をどうするのかについては、**検査方法・検査基準などの形で設計・開発のアウトプットとして定める**か、またはJIS規格などで別途定められている検査方法や合否判定基準を参照します。

　d) の、意図した目的並びに安全で適切な使用及び提供に不可欠な、製品及

びサービスの特性を規定したアウトプットは、顧客に対するものであり、たとえば、取扱説明書、使用方法、保存方法、調理方法、用法・用量などがあります。

設計・開発のアウトプットは、**文書化した情報（記録）として保持**しなければなりません。

■ 設計・開発からのアウトプットの例

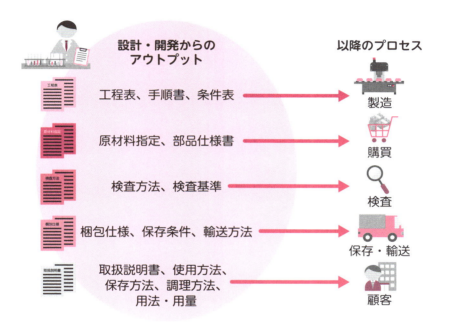

まとめ

- インプットの要求事項を満たし、以降のプロセスに適切なこと
- 安全で適切な使用・提供に不可欠な特性を規定している
- 設計・開発のアウトプットは、文書化した情報として保持する

48　8.3.6 設計・開発の変更

Chapter 8　8 運用

設計・開発の変更は、設計・開発プロセスの途中で起こることも、設計・開発から離れてから起こることもありますので、要求事項への適合に悪影響を及ぼさないように管理することが求められます。

● 設計・開発の変更を管理する

　設計・開発プロセスの途中で起こった変更、及び設計・開発プロセス以降で起こった変更について、製品及びサービスの要求事項への適合に影響を及ぼさないことを確実にするために必要な程度まで、**組織がその変更を識別し、レビューし、管理する**ことが求められます。

　設計・開発プロセス以降で起こる設計・開発の変更とは、組織の製造及びサービス提供のプロセス、外部から提供されるプロセス（外注プロセス）、顧客とのコミュニケーションプロセスで起こり得る設計・開発からのアウトプットに関する変更のことです。たとえば、製造してみたら図面を変更する必要が見つかった、外部加工先の設備に合った加工条件に変更する必要が出てきた、顧客の使用環境に合わせてスイッチの位置を変更しなければならなくなった、などです。

　設計・開発を変更した場合には、**次の事項に関する文書化した情報を保持**しなければなりません。

a) **設計・開発の変更**：どのような変更か
b) **レビューの結果**：要求事項への適合に対する影響など
c) **変更の許可**：誰が許可したのか
d) **悪影響を防止するための処置**：どのような処置をとったか

■ 設計・開発の変更に関する管理フロー

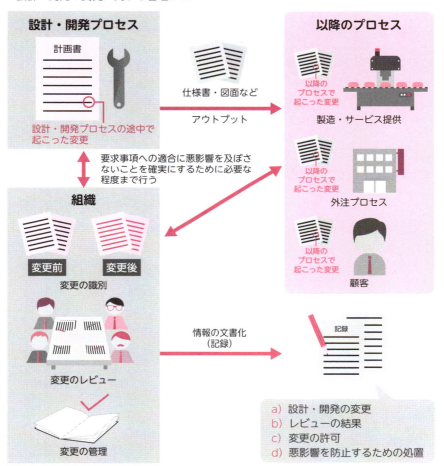

> **まとめ**
>
> ▶ 設計・開発の変更は組織がその変更を識別、レビュー、管理する
> ▶ 製造・外注・顧客要求など、以降のプロセスでの変更も含む
> ▶ 変更は、レビューの結果、許可者、処置を含め文書化して保持

Chapter 8 8 運用

49 8.4 外部から提供されるプロセス、製品及びサービスの管理

製造及びサービス提供のために外部から提供される（外部から調達する）プロセス、製品及びサービスは、顧客に提供する製品及びサービスの要求事項を満たすことができるように管理しなければなりません。

● 組織が管理すべき外部プロセス、製品・サービス

　外部から提供されるプロセス、製品及びサービスは、組織の提供する製品及びサービスの要求事項への適合性に大きく影響を与えるので、**要求事項に適合していることを確実**にしなければなりません。そこで組織は、8.4.1で定める3つの場合において、品質マネジメントシステムの一環として適用する管理を決定しなければなりません。

■ 組織が管理を決定する場合

a) 外部提供者からの製品及びサービスが、組織自身の製品及びサービスに組み込むことを意図したものである場合

b) 製品及びサービスが、組織に代わって、外部提供者から直接顧客に提供される場合

c) プロセス又はプロセスの一部が、組織の決定の結果として、外部提供者から提供される場合

購買品：原材料、部品、ソフトウェア

直送品

委託業務：請負加工、請負工事

委託業務：校正、メンテナンス

委託業務：輸送、設置、据付、メンテナンス

● 外部提供者の評価基準

また、8.4.1では外部提供者の**能力に基づいて外部提供者を評価、選択、パフォーマンスの監視、再評価を行うための基準を決定して適用**することが求められています。具体的には、新しい外部提供者と取引を開始する場合や既存の外部提供者と継続して取引するかどうかを決定する場合において、外部提供者を評価するための基準を決定し、外部供給者の選択の際に用います。

新しい外部提供者を評価する場合には、客観的に集められる情報、たとえば**市場シェア、事業規模、ロケーション、価格、技術力、経営状況、品質マネジメントシステムの認証有無**、などを基準として評価します。

一方、既存の外部提供者について取引の継続を再評価する場合には、**過去のパフォーマンス**や外部提供者の能力、たとえば品質、納期、価格などの**監視結果**を再評価の基準として用います。これらの活動及びその評価によって生じる必要な処置には、是正処置要求、監査実施、取引停止などがあり、行った**処置については文書化した情報を保持**しなければなりません。

● 8.4.2 管理の方式及び程度

組織は、外部から提供されるプロセス、製品及びサービスが、顧客に一貫して適合した製品及びサービスを引き渡す組織の能力に悪影響を及ぼさないことを確実にしなければなりません。具体的な管理方法として、P.164の表のa)～d)を行います。項目c)を考慮に入れることによって、適切な管理方式と丁度よい程度の管理を設定します。

■ 外部から提供されるプロセス、製品及びサービスの管理

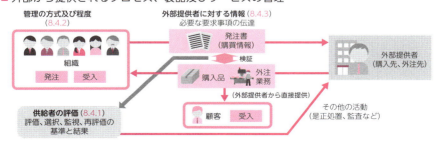

■ 管理の方式及び程度

要求事項	解説
a) 外部から提供されるプロセスを組織の品質マネジメントシステムの管理下にとどめることを、確実にする	すなわち、外部提供者を評価選定し（8.4.1）、適切な管理方式を決めて管理し（8.4.2）、適切でかつ妥当な情報を出す（8.4.3）ようにする
b) 外部提供者に適用するための管理、及びそのアウトプットに適用するための管理の両方を定める	外部提供者に適用する管理は評価基準（8.4.1）や供給者品質要求事項などに定め、アウトプットに適用する管理は仕様書や図面に定める。どちらが欠けても十分な管理にはならない
c) 次の事項を考慮に入れる	
1) 外部から提供されるプロセス、製品及びサービスが、顧客要求事項及び適用される法令・規制要求事項を一貫して満たす組織の能力に与える潜在的な影響	顧客に提供する製品及びサービスへの影響が大きい原材料や部品は必要な管理を行い、影響が小さい事務用品は過度に管理する必要はない
2) 外部提供者によって適用される管理の有効性	外部提供者の管理が有効な場合は組織で過度に管理する必要はないが、有効でない場合は組織で必要な管理を行う
d) 外部から提供されるプロセス、製品及びサービスが要求事項を満たすことを確実にするために必要な検証又はその他の活動を明確にする	必要な検証は受入検査。たとえば発注書と納品書・現物の照合や、必要に応じて測定すること。その他の活動は、たとえば受入検査が不適合時の是正処置要求や外部提供者への監査活動がある【関連 8.6】

8.4.3 外部提供者に対する情報

　まず、要求事項を外部提供者に伝えるときには、伝達する前に、その要求事項が調達しようとしている**プロセス、製品及びサービスに対して妥当なものにしなければなりません**。そのために、発注責任者が発注内容をレビューして承認するようにします。

　組織が外部提供者に要求事項を伝えるべき項目を右ページの表にまとめます。これらのうち該当項目について要求事項を伝達します。

　外部提供者へ伝達する方法については特に要求されていませんが、**文書化した情報にしておく**ことが望ましく、注文書、仕様書、図面などの紙媒体から、メールやオンラインシステムによる電子的な方法へと進化しつつあります。

■ 外部提供者に対する情報

要求事項を伝える項目	解説
a) 提供されるプロセス、製品及びサービス	調達するプロセス、製品及びサービスの内容
b) 次の事項についての承認	内容を承認し、受け入れるための条件
1) 製品及びサービス	製品及びサービスの詳細事項、仕様
2) 方法、プロセス及び設備	製造及びサービスを提供する方法、プロセス及び使用する設備
3) 製品及びサービスのリリース	製品の出荷条件、引渡し条件、納品方法。サービスの完了条件
c) 人々の力量。これには必要な適格性を含む	作業者に要求される力量、資格。品質や安全に関わる特殊な作業の場合に要求する
d) 組織と外部提供者との相互作用	組織と外部提供者の連携やコミュニケーションに関する要求事項。進捗確認や報連相などに関わる。工事現場の下請けとの取決めなど
e) 組織が適用する、外部提供者のパフォーマンスの管理及び監視	組織が行う、外部提供者のパフォーマンスの管理や監視方法を伝えておくことが望ましい
f) 組織又はその顧客が外部提供者先での実施を意図している検証又は妥当性確認活動	たとえば、組織の技術を用いて外部提供者が製造を行う場合、大型の製造設備を購入する場合など、外部提供者先で検証または妥当性確認活動を実施することがあり得る

まとめ

- 外部提供者への要求事項が妥当であることをレビューする
- 外部提供者に対して、必要な項目に関する要求事項を伝達する
- 伝達方法の要求はないが、文書化した情報にするのが望ましい

Chapter 8　8 運用

50　8.5.1 製造及びサービス提供の管理

製造及びサービス提供は、顧客に提供する製品を生産し、サービスを提供するもっとも重要な工程です。不適合リスクを最小限にするようにあらかじめ定めた管理方法に従って、管理された状態で実行しなければなりません。

● 8.5 製造及びサービス提供

　製造及びサービス提供の管理は、いわゆる**「工程管理」**です。製造及びサービス提供の工程管理は、顧客に提供する製品及びサービスの品質に直接影響することから、8.5.1では詳細にa)〜h) の要求事項（右ページの表）を示しています。製造及びサービス提供が管理状態にあるといえるためには、該当するものについては、必ず満たさなければなりません。タートル図（P.182参照）や他の方法で定義された製造及びサービス提供のプロセスにおいて、4M（Man（人）、Machine（設備・環境）、Material（部品・原材料）、Method（方法）、P.176参照）を管理して用いることの他、プロセスの妥当性を確認すること、人的ミスを防ぐことが要求されています。

■ 製造及びサービス提供の流れ

引渡し

製造プロセス／サービス提供プロセス

| 入荷／受付 | サブプロセス | サブプロセス | サブプロセス | 出荷／完了 |

製造及びサービス提供の管理 (8.5.1)

識別及びトレーサビリティ (8.5.2)

顧客または外部提供者の所有物 (8.5.3)

保存 (8.5.4)

変更の管理 (8.5.6)

引渡し後の活動 (8.5.5)

製品及びサービスのリリース【関連8.6】、不適合なアウトプットの管理【関連8.7】

■ 製造及びサービス提供の管理の要求事項

要求事項	解説
a) 次の事項を定めた文書化した情報を利用できるようにする	工程を管理するための文書化した情報を、いつでも使えるように整備しておく
1) 製造する製品、提供するサービス、又は実施する活動の特性	手順書、作業マニュアル、整備マニュアルなど
2) 達成すべき結果	個々の製品及びサービスに関する仕様書、図面、作業指示書
b) 監視及び測定のための適切な資源を利用できるようにし、かつ、使用する	いわゆる検査機器を校正・点検して維持し、その検査機器を使用する【関連7.1.5】
c) プロセス又はアウトプットの管理基準、並びに製品及びサービスの合否判定基準を満たしていることを検証するために、適切な段階で監視及び測定活動を実施する	工程の適切な段階（中間、最終）で検査活動を実施する。プロセスまたはアウトプットの管理基準を満たしていることを検証することは、プロセスの改善につながる【関連8.1、8.6】
d) プロセスの運用のための適切なインフラストラクチャ及び環境を使用する	適切に維持されたインフラストラクチャ及び作業環境を使用する。【関連7.1.3、7.1.4】
e) 必要な適格性を含め、力量を備えた人々を任命する	作業には、必要とされる力量を持つ作業者を充てる【関連7.2】
f) 製造及びサービス提供のプロセスで結果として生じるアウトプットを、それ以降の監視又は測定で検証することが不可能な場合には、製造及びサービス提供に関するプロセスの、計画した結果を達成する能力について、妥当性確認を行い、定期的に妥当性を再確認する	検査できない工程の管理※。それ以降の検査で検証できない工程について、工程の妥当性を確認する。工程の妥当性確認は、試作による製造方法の検証、製造方法の使用の確認、作業者の力量の確認、実績の分析などによって行う
g) ヒューマンエラーを防止するための処置を実施する	ヒューマンエラーは、力量不足の人が起こす失敗ではなく、力量のある人が起こしてしまう失敗。ハード面・ソフト面の処置を実施する
h) リリース、顧客への引渡し及び引渡し後の活動を実施する	【関連8.6、8.5.5】

※検査できない工程の例：接着、溶接、熱処理、表面処理、めっきなど

まとめ

- 製造及びサービス提供の管理は、もっとも重要な要求事項
- あらかじめ定められた管理方法に従い管理された状態で実行する
- 8つの要求事項のうち該当するものは必ず管理の内容に含める

Chapter 8　8 運用

51　8.5.2 識別及びトレーサビリティ

組織には多くの製品及びサービスが存在していますので、識別とトレーサビリティという概念を用いることによって、個々の製品及びサービスを適切に管理します。

● アウトプットの識別とアウトプットの状態の識別

　識別はISO用語の定義にありませんが、"見分けること"を意味します。アウトプットの識別とは、**製品同士、またはサービス同士見分けられるようにすること**であり、そのために、製品やサービスに名前や記号（識別子と呼ぶことがある）を表示し、置き場所を管理して識別できるようにします。一方、**アウトプットの状態**の識別とは、監視及び測定の要求事項に関連して、**検査前か検査後か、適合しているか適合していないか（不適合）、という"状態"を識別すること**です。アウトプットの識別、アウトプットの状態の識別を確実に行うことによって、要求事項への適合品のみを顧客に提供できるように管理します。

■ アウトプットの識別と状態の識別

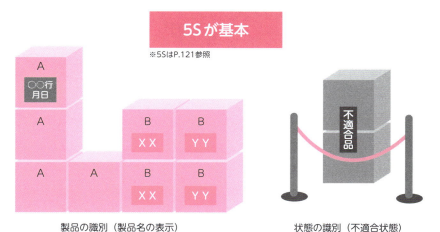

製品の識別（製品名の表示）　　　状態の識別（不適合状態）

● トレーサビリティ

　トレーサビリティは、**履歴、適用または所在を追跡できること**と定義されています（P.73参照）。不適合な製品及びサービスを発生したときや顧客から苦情などのフィードバックを受けたとき、再発防止のためにその原因を調査する必要があり、アウトプットの履歴を追跡できるようにしなければなりません。

　そのために、原材料、部品、中間製品、完成品、サービスの過程などのアウトプットについて**ロット番号や日付区分などの識別ルール（一意の識別）を決定して管理し**、トレーサビリティを可能とするために必要な**文書化した情報（作業日報など）を保持**しなければなりません。

■ トレーサビリティで管理する

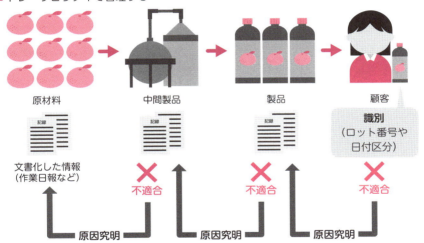

まとめ

- アウトプットの識別とは製品同士見分けられるようにすること
- アウトプットの状態の識別とは検査、適合の状態を識別すること
- トレーサビリティとは履歴、適用、所在を追跡できること

8.5.3 顧客または外部提供者の所有物

Chapter 8 8 運用

52

製造及びサービス提供のために、顧客または外部提供者の所有物を預かる場合には、これらを大事に取り扱うことが基本であり、異常が見つかった場合には、顧客または外部提供者に報告して適切な対応をしなければなりません。

● 顧客または外部提供者の所有物を預かる

製造及びサービス提供のために、顧客または外部提供者の所有物を預かる場合には、それが組織の管理下にある間、またはそれを使用している間は、**紛失や損傷しないように注意**を払わなければなりません。

使用するため、または製品及びサービスに組み込むために預かった顧客または外部提供者の所有物は、顧客または外部提供者の所有物であることを識別し、受入時や使用前に異常がないかどうかを検証し、預かっている間は**損傷・劣化を防ぐための適切な保護、紛失・盗難を防ぐための適切な防護を実施する**ことが必要です。

顧客所有物を預かる場合には、取扱いを顧客と取り決めることが要求されていますが【関連 8.2.1】、外部提供者の所有物を預かる際にも同様に取り決めることが望ましいでしょう。

■ 顧客または外部提供者の所有物の管理

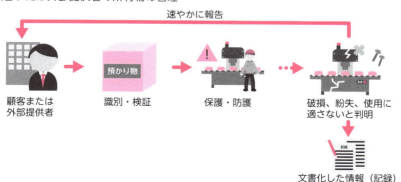

● 異常時の対応

顧客または外部提供者の所有物の紛失や損傷、情報の漏洩、またはその他使用に適さないことが判明した場合には、速やかにその旨を**顧客または外部提供者に報告**し、発生した事柄・内容を**文書化した情報（記録）に残す**ことが必要です。

■ 顧客または外部提供者の所有物の例

製品のために支給される原材料及び部品

補修、保全またはアップグレード用に支給される製品

保管、運送で取り扱う顧客または外部提供者の製品、通い箱、パレット

顧客からの修理依頼品

建設・土木の対象物件（顧客所有の建造物など）

顧客から渡される倉庫、事務所などの建物の鍵

顧客から提供された設計図、仕様書、技術書及びノウハウなどの知的財産

顧客の個人情報（一般消費者の個人情報が対象となる）

外部提供者からリース、レンタルされる製品

まとめ

- 顧客や外部提供者の所有物を管理・使用する間は注意義務
- 識別・検証を行い、紛失や損傷を防ぐために保護・防護する
- 異常時は速やかに顧客または外部提供者に報告し、記録を保持

Chapter 8　8 運用

53　8.5.4 保存

製造及びサービス提供の全過程において、アウトプットの保存が要求されています。アウトプットは提供される製品及びサービスであり、その保存はアウトプットに適する方法で行います。

● 全行程で要求されるアウトプットの保存

　アウトプットの保存は、顧客に製品及びサービスを提供するまでの全過程、すなわち、**原材料の受入から製品及びサービスが顧客の手に届くまでが対象**となります。従って、保存について考慮する事項には、**識別、取扱い、汚染防止、包装、保管、伝送または輸送、及び保護**が含まれます。顧客に提供する製品及びサービスに応じて、これらの事項を考慮して、要求事項への適合を達成するために必要な程度に、アウトプットを保存するための行為を実施しなければなりません。

　製品を提供する場合には、製品の識別はもちろんのこと、製品の要求事項に対して適切な考慮事項を選択して保存方法を決定して実施します。たとえば、冷凍食品は冷凍された状態で取扱われ、保管され、顧客に届けられなければなりません。

　サービスを提供する場合にも、その**サービスが顧客に検証されるまで保存方法を決定して実施**します。たとえば、設備のメンテナンスサービスや測定機器の校正サービス、製品の保管サービスや輸送サービス、各種の清掃サービスなど、そのサービスが顧客に引き渡されるまでの間、サービスを保存・継続する必要があります。

■ アウトプットの保存のために考慮する事項

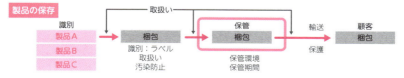

■ アウトプットの保存の例

製品提供の場合

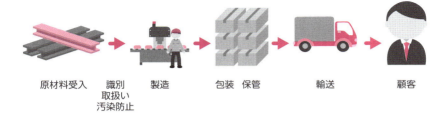

清掃サービス提供の場合

保存は、顧客に届く（サービス提供は顧客の検証）までの全過程を対象とする

■ 保存の例

区分	保存の例
保護	梱包、包材、養生、カバー、シール、5S、積載方法など
温度	冷蔵、冷凍、加温
雰囲気	湿度、酸素濃度、ガス濃度など

まとめ

- 製品・サービスを提供する全過程でアウトプットを保つ義務
- 識別、取扱い、汚染防止、包装、保管、輸送、保護などを考慮
- サービス提供では顧客検証までアウトプットを保存・継続する

Chapter 8　8 運用

54　8.5.5 引渡し後の活動

組織は、製品及びサービスを顧客に引き渡した後にも要求される活動を行わなければならないこと、またその活動の程度を決定する際に、考慮しなければならないことが定められています。

● 引渡し後に要求される活動

　組織は、製品及びサービスを顧客に引き渡した後にも、たとえば、使用後のリサイクルのための回収、期間を定めて無償点検・無償修理を行う、顧客からの苦情などの**フィードバックに対応する、などのさまざまな要求事項**を満たさなければなりません。

　アフターサービスとしてこれらの要求される引渡し後の活動の程度を決定する際に、次の５点を考慮することが求められています。

a) **法令・規制要求事項**
　　製品によってリサイクル、廃棄に関する法律がある

b) **製品及びサービスに関連して起こり得る望ましくない結果**
　　不具合（破損、故障など）の発生、健康被害の発生などの可能性

c) **製品及びサービスの性質、用途及び意図した耐用期間**
　　食品の賞味期限・消費期限、一般製品の耐用年数など

d) **顧客要求事項**
　　製品の保証、アフターサービス、瑕疵の場合の保証、使用後の廃棄方法（回収など）

e) **顧客からのフィードバック**
　　顧客からの評価、苦情など

　引渡し後の活動（アフターサービス）は、**自社製品及びサービスの差別化のための１つの要素**と考えてもよいでしょう。引渡し後の活動には、保証規定に

基づく活動、メンテナンスサービスのような契約上の義務、リサイクルや最終廃棄のような付帯サービスが含まれます。

■ 引渡し後の活動の程度を決定する考慮事項

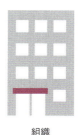

アフターサービス
a) 法令・規制要求事項
b) 起こり得る望ましくない結果
c) 性質、用途、耐用期間
d) 顧客要求事項
e) 顧客からのフィードバック
を考慮し活動の程度を決める

引渡し
製品・サービス

組織　　　　　　　　　　　　　　　　　　　顧客

■ 引渡し後の活動の例

品質保証期間、
無償点検、
無償メンテナンス

交換部品の保管・販売、
仕様後のリサイクル
のための回収

問合せ先、
お客様相談窓口、
コールセンター

ポイント制割引サービス、
忘れ物の預かりサービス

顧客データ管理・
分析、各種案内

まとめ

- 製品・サービスに関連する引渡し後の活動の要求事項を満たす
- 法令・規制、顧客要求事項などを考慮し、活動の程度を決める
- 保証規定や契約上の義務での活動、付帯サービスが含まれる

55　8.5.6 変更の管理

Chapter 8　8 運用

製造及びサービス提供に関する変更を行う場合には、要求事項への適合に影響を及ぼさないように、変更内容をレビューし、管理することが求められています。

● 変更を管理する

　製造及びサービス提供を計画した内容から変更するとき、その変更によって提供する製品及びサービスの要求事項への適合に影響するか調査し、影響を及ぼす可能性がある場合には、これらの変更に関して、**取った処置、要求事項への適合への影響をレビューしなければなりません。**

　これらの変更は、内部や外部の課題の変化や利害関係者の要求事項の変化に起因して発生することがあります。変更の例には次のような変更があり、「4M変更」と呼ばれています。

■「4M変更」による変更の可能性

①要員（Man）
業務異動など、力量の大きく
異なる要員に変わる場合

②設備（Machine）
設備導入、設備改善、
代替機使用など

③原材料（Material）
原材料の変更、
購買先の変更

④方法（Method）
作業改善などによる
工程変更、作業手順変更

製造及びサービス提供を行うプロセスを改善するには、これらの要素（4M）を変更することが必要になりますので、たとえば、是正処置【関連10.2.1】の過程で検討するとよいでしょう。

● 変更の記録

　変更のレビューの結果、変更を正式に許可した人（責任者）、レビューから生じた必要な処置を文書化した情報（記録）として保持することが求められています。

■ 製造及びサービス提供に関する変更は、レビューしてその結果を文書に記録する

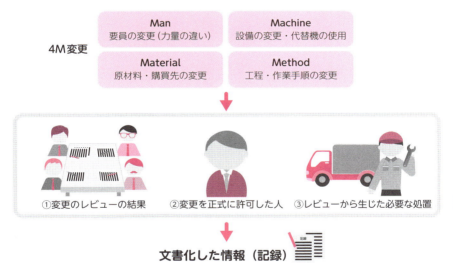

まとめ

- 製造及びサービス提供に関する変更の要素には4M変更がある
- 変更は要求事項への適合の影響をレビューし、管理する
- レビューの結果、許可者、生じた必要な処置を文書化して保持する

56 8.6 製品及びサービスのリリース

Chapter 8　8 運用

提供する製品及びサービスが、すべての要求事項を満たすことを確実にするために、適切な段階において要求事項への適合を検証します。計画した取決め（検査）を実施しないとリリースしてはなりません。

● 製品及びサービスの要求事項を検証する

　リリースは、**製品及びサービスを次の段階または次のプロセスに進めることを認めること**と定義されています（P.73参照）。組織は、製造及びサービス提供の適切な段階において、製品及びサービスが規定要求事項への適合を確定（検査）しなければなりません。規定要求事項に適合していれば（検査合格）、次の段階または次のプロセスに進めます。

　計画した取決めが問題なく完了（検査に合格）するまでは、顧客へ製品及びサービスをリリース（納品）してはなりません。ただし、**当該の権限を持つ者が承認し、かつ、顧客の承認を（得られるのなら必ず）得たとき**は、検査が終わっていなくても納品できます。

■ リリースまでの流れ

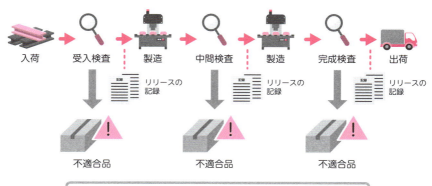

工程後の検査により、適合品のみが次の工程にリリースされる

● リリースの記録

組織は、製品及びサービスのリリースについて**文書化した情報（記録）を保持**することが求められています。この記録には、以下の2点を含めておくことが必要です。

a) 合否判定基準への適合の証拠
　合否判定結果

b) リリースを正式に許可した人（または人々）に対するトレーサビリティ
　役職名など

■ リリースの記録例

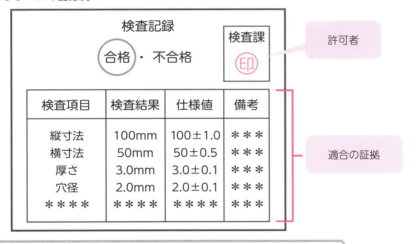

製品及びサービスのリリースに際して、文書化した情報を保持しておく

まとめ

- リリースは製品などを次の段階に進めることを認めること
- 計画した取決めが問題なく完了するまでリリースしてはいけない
- 基準への適合の証拠と、リリースを許可した人を文書化し記録

57 8.7 不適合なアウトプットの管理

Chapter 8　8 運用

製造及びサービス提供のすべての工程における検査で発生した要求事項に適合しない（不適合）アウトプットは、誤って使用されることや引渡されることを防ぐために、適切に管理することが求められています。

● 不適合なアウトプットの識別、管理を確実にする

　要求事項に適合しないアウトプットは、誤って使用されることや引渡されることを防ぐために、それらを**識別し、管理することを確実にすること**が求められています【関連 8.5.2】。

　不適合製品及びサービスについて、組織は、不適合の性質、並びにそれが製品及びサービスの**適合に与える影響に基づいて、適切な処置**をとらなければなりません。たとえば、製造工程で見つかった軽微な不適合は出荷前に修正することも可能ですが、製品の出荷後に見つかった安全性に関わる不適合は顧客へ連絡するなどの適切な処置が必要です。これは、提供済みのサービスに対しても同様です。

　不適合なアウトプットの処理は、次の1つ以上の方法で行わなければなりません。

a) **修正**：修理や手直しなどの不適合を除去する処置
b) **製品及びサービスの分離、散逸防止、返却または提供停止**：誤って使用されることや引き渡されることを防ぐ処置
c) **顧客への通知**：不適合の性質、影響に応じて
d) **特別採用による受入の正式な許可の取得**

　不適合なアウトプットに修正を施したときには、要求事項への適合を再び検証しなければなりません。

■ 不適合製品に関する処置

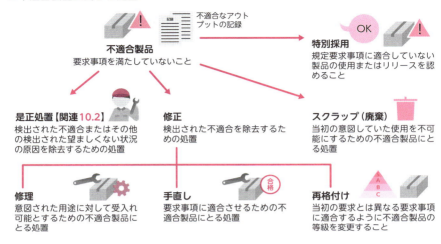

不適合の記録

不適合なアウトプットの管理について、次の事項を満たす**文書化した情報（記録）**を残さなければなりません。

a) **不適合**なアウトプットの内容**が記載されている**
b) 不適合なアウトプットに対して**とった処置が記載されている**
c) 顧客から**取得した特別採用**の内容**が記載されている**
d) **不適合に関する処置について決定する権限を持つ者**（責任者）**を特定している**

まとめ

- 不適合なアウトプットは識別、管理することを確実にする
- 不適合の性質、適合へ与える影響に基づき適切な処置をとる
- 修正後は適合を再検証し、不適合については文書化して記録

タートル図によるプロセス定義書

　タートル図はプロセスを構成する要素を詳しく記載したもので、"プロセス定義書"として一般的な図です。中央のプロセスを甲羅、インプット／アウトプットを頭と尻尾、周囲の管理要素を手足に見立てると亀のように見えることからこう呼ばれています。プロセスを評価するための基準や指標（KPI）を右下に規定してプロセスを管理します。タートル図とプロセスのつながりを表わすP.140のプロセスフロー図を組み合わせることにより、マネジメントシステム全体を表現することができます。

■ タートル図

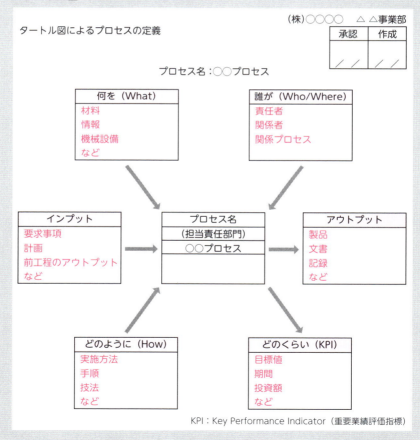

9 パフォーマンス評価

品質マネジメントシステムが計画に沿って運用され、意図した結果を挙げているかを検証するのがパフォーマンス（実績）評価です。製品及びサービスとシステムの継続的な改善のための前提となります。箇条9は「9.1 監視、測定、分析及び評価」「9.2 内部監査」「9.3 マネジメントレビュー」の3節から構成されます。

Chapter 9　9 パフォーマンス評価

58　9.1 監視、測定、分析及び評価

品質マネジメントシステムの活動全体の中から、具体的に監視、測定、分析及び評価する対象、方法、時期を決定し、品質マネジメントシステムのパフォーマンス及び有効性を評価します。

●「9 パフォーマンス評価」のポイント

9.1では、品質マネジメントシステムの計画された活動によって**日常的に発生するパフォーマンスについて、監視、測定を行い、その結果を分析し、評価する**ことを求めています。なかでも9.1.2で顧客満足の監視は重視されており、監視結果をレビューして活動につなげます。

9.2では、品質マネジメントシステムが、組織の要求事項及びISO 9001規格の要求事項に適合しているか、有効に実施され、維持されているかどうかの状況について、**組織自身が監査し、問題点を指摘して改善するための情報提供を行う**ことが求められています。

9.3では、トップマネジメントが、組織の課題の変化をはじめ品質マネジメントシステムのパフォーマンスなどをインプットし、**改善の機会や変更の必要性などの指示をアウトプット**することによって、品質マネジメントシステムを適切、妥当かつ有効に維持していくことが求められています。

● 監視、測定、分析及び評価のために決定すること

9.1.1では、監視、測定、分析及び評価のために、次の4点を決定します。

a) 監視及び測定が必要な対象
b) 妥当な結果を確実にするために必要な、監視、測定、分析及び評価の方法
c) 監視及び測定の実施時期
d) 監視及び測定の結果の、分析及び評価の時期

組織は、品質マネジメントシステムの活動全体に対して、これらを決定し、実行することによって品質マネジメントシステムの**パフォーマンス及び有効性を評価**します。監視及び測定は常時または適宜行い、その結果の分析及び評価はたとえば年度、半期、四半期、月度、その他の必要期間に、マネジメントレビューを含む検討会議や報告書などの方法によって行います。

　これらの結果の証拠として、報告書や会議記録などの適切な**文書化した情報を保持**しなければなりません。a) で要求している監視及び測定が必要な**対象の具体的な例としては、P.189の表**のようなものがあります。

■ 監視・測定した結果を分析・評価する

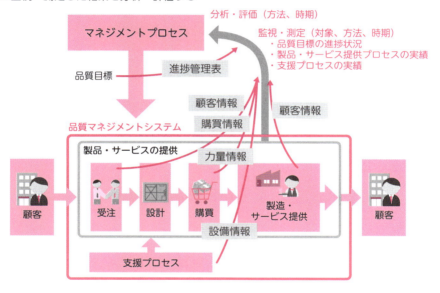

まとめ

- 監視、測定、分析及び評価する対象、方法、時期を決定する
- 上記を実行することでパフォーマンス及び有効性を評価する
- 報告書や会議記録などの適切な文書化した情報を保持する

59 9.1.2 顧客満足

提供した製品及びサービスによって、顧客のニーズ及び期待がどの程度満たされているか、顧客がどのように受け止めているかを監視し、レビューしなければなりません。

● 顧客が満足したかをレビューする

組織は、提供した製品及びサービスによって、顧客のニーズ及び期待がどの程度満たされているか、顧客がどのように受け止めているかについて、監視しなければなりません。その情報を**入手し、監視し、レビューする方法を決定し、実施**する必要があります。このようにして得た情報を、レビューすることによって品質マネジメントシステムを継続的に改善していくことが望まれます。

顧客の受け止め方の情報を得るには、たとえば次のような方法があります。

- **顧客調査**（アンケート、聞き取り）
- **顧客からのフィードバック**（苦情、クレーム）
- **顧客との会合**
- **市場シェアの分析**
- **顧客からの賛辞**
- **補償請求**
- **ディーラー**（商社、販売店）からの**報告**　など

● 顧客満足向上の計画

顧客満足を監視し、レビューした結果に基づいて顧客満足の向上のための次の計画につないでいくことが望まれます。

- **製品及びサービスを改善するための計画**【関連 8.3.1】

- 製品及びサービスを提供するプロセスを改善するための計画【関連 8.1】
- 品質マネジメントシステムを改善するための計画【関連 10.1】

■ 顧客満足と品質の継続的な向上で取引継続

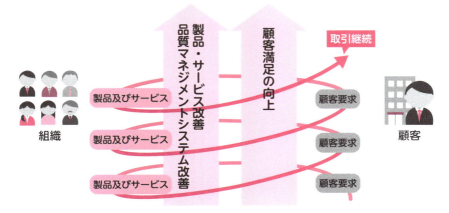

■ 顧客の満足度を監視・レビューする方法を決めて実施する

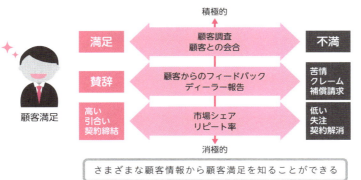

さまざまな顧客情報から顧客満足を知ることができる

まとめ

- 提供した製品などにより顧客の満足を監視しなければならない
- 顧客満足の情報を入手し監視、レビューする方法を決定、実施
- レビューにより品質マネジメントシステムを継続的に改善する

60　9.1.3 分析及び評価

監視及び測定で得られた生の情報・データは評価しにくいので、監視及び測定の目的に対して評価しやすい形に監視及び測定結果を分析した上で、監視及び測定結果を評価します。

● 分析をして監視及び測定結果を評価する

　監視及び測定結果を評価しやすい形に分析した上で、**監視及び測定結果を評価**する必要があります。

　組織は、分析の結果を、次の事項を評価するために用いなければなりません。

a) 製品及びサービスの適合
b) 顧客満足度
c) 品質マネジメントシステムのパフォーマンス及び有効性
d) 計画が効果的に実施されたかどうか
e) リスク及び機会への取組みの有効性
f) 外部提供者のパフォーマンス
g) 品質マネジメントシステムの改善の必要性

　これらの分析・評価は大きくPDCAで区分し、以下の4つについて有効であったかどうかについて評価します。

①**計画したことの有効性**（品質目標の進捗など）
②**運用した結果**（製品及びサービスの合否判定など）
③**監視・測定した結果**（顧客満足度、監査結果など）
④**改善活動**（是正処置など）

■ 分析・評価のための監視・測定の対象の例

分析・評価項目（9.1.3）	監視・測定対象の例（9.1.1 a)）
a) 製品及びサービスの適合	製品・サービスの合否判定（製品要求事項への適合性）【関連8.6】
b) 顧客満足度	顧客満足【関連9.1.2】
c) 品質マネジメントシステムのパフォーマンス及び有効性 ※他の項目の監視測定対象と一部重複	1）顧客満足及び利害関係者からのフィードバック（顧客満足度、顧客苦情・クレーム）
	2）品質目標の達成状況（品質目標の進捗管理）
	3）プロセスパフォーマンス、製品及びサービスの適合性（監視・測定結果）
	4）不適合及び是正処置
	5）その他の監視・測定結果
	6）監査結果（内部、外部監査、審査結果）
	7）外部提供者のパフォーマンス（供給者の評価、委託業務/購買製品の適合性）
d) 計画が効果的に実施されたかどうか	品質目標・実施計画の実績【関連6.2.2】 プロセスの判断基準（指標）に対する実績【関連8.1】
e) リスク及び機会への取組みの有効性	リスク・機会への取組みの実績【関連6.1.2】
f) 外部提供者のパフォーマンス	外部提供者の評価結果【関連8.4.1】
g) 品質マネジメントシステムの改善の必要性	マネジメントレビュー【関連9.3】 分析及び評価結果（9.1.3）、改善提案など

統計的手法に利用するQC7つ道具

　これらの監視・測定項目の中で、プロセスのパフォーマンスや計画の達成状況などは、監視・測定データを統計的に分析して視覚的に表すことが有効なことがあります。監視・測定データを統計的に分析する手法としてQC7つ道具がよく用いられます。

データの分析に用いられるQC7つ道具は、下記図表に示すようなものがあり、たとえば、プロセスのパフォーマンスを管理図で視覚的に表し、バラツキの要員分析を特性要因図で行うなど、データ分析の目的に応じて使い分けられます。

■ 統計的手法（QC7つ道具）

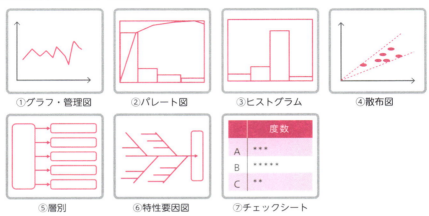

①グラフ・管理図　②パレート図　③ヒストグラム　④散布図

⑤層別　⑥特性要因図　⑦チェックシート

■ QC7つ道具の目的

QC7つ道具	目的、特徴	9.1.3への適用例
グラフ、管理図	ばらつき管理、異常の発見	d) プロセスの実績評価
パレート図	重要な項目を抽出する	b) 顧客満足度調査結果
ヒストグラム	ばらつき確認、異常の発見	c) 製品特性のばらつき
散布図	2つのデータの関係を知る	a) 製品特性の分析
層別	問題点をより具体化、原因をつかむ	g) 改善の必要性分析
特性要因図	原因の影響を解析	c) 不適合の原因解析
チェックシート	漏れをなくし、効率的に行う	f) 外部提供者の評価

まとめ

▶ 監視及び測定結果は、適切なデータ及び情報にして分析する

▶ 分析結果から、製品及びサービスの適合など7項目を評価する

▶ 分析方法はQC7つ道具のような統計手法を用いることが多い

61 9.2 内部監査

内部監査は、品質マネジメントシステムにおいて計画した取り決めを実施しているかどうか、及び品質マネジメントシステムが有効に実施され、維持されているかどうかの情報を入手し提供する重要な活動です。

● 内部監査を実施する

9.2.1では、組織は品質マネジメントシステムが、次の状況にあるか否かあらかじめ定めた間隔で内部監査を行い、情報提供をしなければなりません。

a) 次の事項に適合している
 1) 品質マネジメントシステムに関して、組織自体が規定した要求事項
 2) この規格の要求事項
b) 有効に実施され、維持されている

内部監査の詳細な方法は、**ISO 19011:2018「マネジメントシステム監査の指針」に従い**ますが、監査の7原則に基づいて公正で客観的な立場で監査を行います。品質マネジメントシステムが有効に実施され、維持されているかどうかを監査する際は、P.46も参考にしてください。

■ 監査の7原則

a)	高潔さ	専門家であることの基礎
b)	公正な報告	ありのままに、かつ、正確に報告する義務
c)	専門家としての正当な注意	監査の際の広範な注意及び判断
d)	機密保持	情報のセキュリティ
e)	独立性	監査の公平性及び監査結論の客観性の基礎
f)	証拠に基づくアプローチ	体系的な監査プロセスにおいて、信頼性及び再現性のある監査結論に到達するための合理的な方法
g)	リスクに基づくアプローチ	リスク及び機会を考慮する監査アプローチ

(出典) ISO 19011:2018 マネジメントシステム監査のための指針「4 監査の原則」

■ 内部監査のフロー

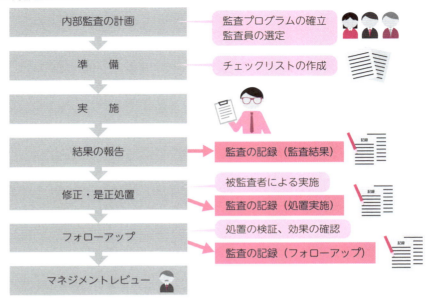

◯ 監査プログラム

9.2.2では監査について、次の要求を満たす監査プログラムを計画、確立、実施及び維持し、適切な処置をとる必要があります。

a) 頻度、方法、責任、計画要求事項及び報告を含む、監査プログラムの計画、確立、実施及び維持。監査プログラムは、関連するプロセスの重要性、組織に影響を及ぼす変更、及び前回までの監査の結果を考慮に入なければならない
b) 各監査について、監査基準及び監査範囲を定める
c) 監査プロセスの客観性及び公平性を確保するために、監査員を選定し、監査を実施する
d) 監査の結果を関連する管理層に報告することを確実にする
e) 遅滞なく、適切な修正を行い、是正処置をとる
f) 監査プログラムの実施及び監査結果の証拠として、文書化した情報（記録）を保持する

内部監査については、毎回、すべてのプロセス、すべての要求事項を監査することを求めているわけではありません。しかしながら、**内部監査の成否が品質マネジメントシステムの成否を分ける**といっても過言ではないほど内部監査は重要ですので、監査プログラムの作成に気を配り、監査の実施後には監査結果を分析・評価して次回の監査プログラムを改善していくことが望まれます。

■ 監査プログラム

監査計画書		作成日：	承認：
監査の種類	定期・臨時	監査日：	
監査の目的	システム構築状況の確認		
被監査部署	生産課、○○課、○○課		
監査チーム	＊＊＊＊、※※※※		
監査の基準	ISO 9001規格、マニュアル及び関連文書		
時間	監査部署／プロセス	監査項目	
09:00～09:15	初回会議		
09:15～12:00	生産課	6.1、6.2、7.1.3、7.1.4、7.1.5、7.1.6、7.2、7.3、7.4、7.5、8.1、8.5、8.6、8.7、9.1、10.2、10.3	
12:00～13:00	昼休		
13:00～15:00	○○課	・・・	
・・・	・・・	・・・	
・・・	最終会議		

監査における考慮項目：

注意事項：

まとめ

- 監査員は、既定の間隔で内部監査を行い結果を管理層に報告する
- ISO 19011の監査の指針に従って、7原則に基づいて公正に行う
- 監査結果を分析・評価し、監査プログラムを維持・改善する

Chapter 9　9 パフォーマンス評価

62　9.3 マネジメントレビュー

マネジメントレビューは、品質マネジメントシステムにおけるPDCAの節目となる活動であり、さまざまな活動実績のインプット情報を基に、次の計画にかかる指示をアウトプットします。

◯ レビューはトップマネジメントが行う

　トップマネジメントが、あらかじめ定めた間隔で品質マネジメントシステムをレビューする必要があります。そのレビューは、品質マネジメントシステムが引き続き適切、妥当かつ有効でさらに組織の戦略的な方向性と一致していることを確実にするために行います。

■ マネジメントレビューを行う間隔

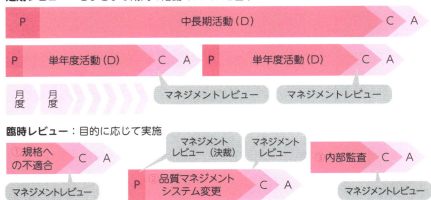

◯ 9.3.2 マネジメントレビューへのインプット

　マネジメントレビューへのインプットは、品質マネジメントシステムの改善のためにトップマネジメントが適切な判断をするための重要な情報です。

マネジメントレビューは、9.1.3で分析した項目を含むインプット項目を考慮して計画し、実施しなければなりません。

a) 前回までのマネジメントレビューの結果取った処置の状況
b) 品質マネジメントシステムに関連する外部及び内部の課題の変化【関連4.1】
c) 次に示す傾向を含めた、品質マネジメントシステムのパフォーマンス及び有効性に関する情報
   1) 顧客満足及び密接に関連する利害関係者からのフィードバック【関連9.1.2】
   2) 品質目標が満たされている程度【関連6.2】
   3) プロセスのパフォーマンス、並びに製品及びサービスの適合【関連8.6】
   4) 不適合及び是正処置【関連10.2】
   5) 監視及び測定の結果【関連9.1.1】
   6) 監査結果（その他顧客監査、認証機関の審査）【関連9.2】
   7) 外部提供者のパフォーマンス【関連8.4】
d) 資源の妥当性【関連7.1】
e) リスク及び機会への取組みの有効性【関連6.1】
f) 改善の機会【関連9.1.3】

品質マネジメントシステムのさまざまな役割の責任者（管理責任者、プロセス責任者、部門責任者）は、パフォーマンスの実績結果と改善の機会（改善提案）をトップマネジメントに報告し、判断を仰ぎます。

● 9.3.3 マネジメントレビューからのアウトプット

マネジメントレビューからのアウトプットは、活動の状況についてさまざまなインプット情報を受けた結果、品質マネジメントシステムの継続的改善のためにトップマネジメントが指示するものです。

指示の内容には次の3点に関する決定及び処置を含める必要があります。

a) **改善の機会**【関連 10.1】
b) **品質マネジメントシステムのあらゆる変更の必要性**【関連 6.3】
c) **資源の必要性**【関連 7.1】

マネジメントレビューの結果の証拠として、報告書や会議の議事録などの**文書化した情報を記録として保持**します。

■ マネジメントレビューのインプット・アウトプット

※「顧客監査」は監査の一種で、顧客による監査のこと

まとめ

- 一定の間隔で品質マネジメントシステムをレビューする
- 継続的改善を判断するための重要な情報をインプットする
- トップマネジメントは継続的改善のための指示をアウトプットする

COLUMN 「9 パフォーマンス評価」の監査のポイント

①内部監査では、監査プログラム、監査チェックリスト、指摘事項、是正処置について目的に合ったものであったことを監査します。

②マネジメントレビューでは、有効なインプットがされており、適切なアウトプットが出されたことを監査します。

10 改善

品質マネジメントシステムについて改善の機会に取り組み、不適合に対して是正処置を行い、品質マネジメントシステムを継続的に改善する要求事項について定めているのが箇条10です。「10.1 一般」「10.2 不適合及び是正処置」「10.3 継続的改善」の3節から構成されています。

Chapter 10　10 改善

63　10.1 一般

改善によって、顧客要求事項を満たし、顧客満足を改善するという品質マネジメントシステムの意図した結果を目指します。

●「10 改善」のポイント

　組織は、確立した品質マネジメントシステムを運用していく中で、10.1 でさまざまな角度から改善の機会に取り組み、10.2 で製品及びサービス、並びに品質マネジメントシステムに発生した不適合の原因を排除する"是正処置"を行い、10.3 でそれらの活動を通じて品質マネジメントシステムを見直し、維持することによって、品質マネジメントシステムを継続的に改善していくことを目指します。

　品質マネジメントシステムの成否は、「9 パフォーマンス評価」によって現状を把握した上で**どのような改善の手を打っていくのかと、想定されるリスクを顕在化させないように改善を計画すること**にかかっています。一過性の PDCA ではなく、次の PDCA に連鎖的につながる改善のマネジメントが望まれます。

■ 改善

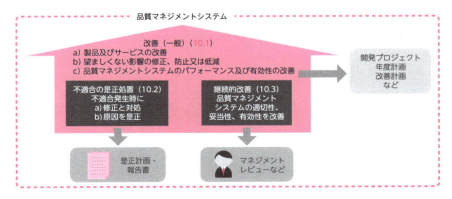

● 改善の機会を明確にして選択する

　顧客要求事項を満たし、顧客満足を向上させるために、改善の機会を明確にし、選択し、また、必要な取組みを実施しなければなりません。マネジメントレビューは、**改善の機会を明確にし、選択する活動**と位置付けられ、選択された改善の機会（トップの指示事項）について、必要な取組みを実施します。

　このような改善の機会には、以下の視点で取り組むことが求められています。

a) 要求事項を満たすため、並びに将来のニーズ及び期待に取り組むための、製品及びサービスの改善
b) 望ましくない影響の修正、防止又は低減
c) 品質マネジメントシステムのパフォーマンス及び有効性の改善

　改善の例は修正、是正処置、継続的改善、現状を打破する変更、革新及び組織再編などのさまざまなものを挙げることができます。ISO 9001:2015では予防処置という表現は含まれず、予防処置に代わるものとして**リスク及び機会への取組み**が用いられています【関連6.1、9.3】。

■ 品質マネジメントシステムにおける改善

まとめ

- 顧客要求事項を満たし、顧客満足を改善する機会を選択し取り組む
- 品質・サービスの改善だけでなくシステムの改善も実施する
- 修正、是正処置だけでなく現状打破・改革的な取組みも改善

64　10.2 不適合及び是正処置、10.3 継続的改善

Chapter 10　10 改善

不適合や苦情が発生したときには、不適合や苦情の原因を明確にし、再発防止のためにその原因を除去する処置（是正処置）を取ることによって、品質マネジメントシステムが改善されます。

● 不適合への対処と是正処置

　10.2.1では、不適合が発生した場合、組織が行わなければならない事項を定めています。**「不適合」とは、「要求事項を満たしていないこと」**をいい、具体的には「ISO 9001規格の要求事項を満足していない」「法規制などの要求事項、基準値を満たしていない（法規制等の違反）」「品質マニュアル、手順書のルール通りに実施されていない」「管理基準を満たしていない（品質、監視機器、装置の状態など）」状態のことをいいます。

　不適合が発生した場合、以下の行動を求めています。

a) その不適合に対処し、該当する場合には、必ず、次の事項を行う
　1) その不適合を管理、修正するための処置をとる
　2) その不適合によって起こった結果に対処する

　これらの処置が完了したら、10.2.1b) の事項によって、その**不適合が再発または他のところで発生しないように「不適合の原因を除去するための処置」（是正処置）の必要性を評価**します。是正の機会としては、顧客のクレーム、法規制への違反、供給者の評価結果、監査の結果（指摘事項）、分析及び評価の結果、品質目標の進捗度、プロセスの測定結果、マネジメントレビューの結果などがあります。その際は不適合の原因を明確にして、必要と認めた場合は、不適合製品・サービスの**是正処置を実施し、その有効性をレビュー**します。必要な場合には、計画段階のリスク・機会について更新し、品質マネジメントシステムの変更も行います。

b) その不適合が再発又は他のところで発生しないようにするため、次の事項によって、その不適合の原因を除去するための処置をとる必要性を評価する
　1) その不適合をレビューし、分析する
　2) その不適合の原因を明確にする
　3) 類似の不適合の有無、又はそれが発生する可能性を明確にする
c) 必要な処置を実施する
d) とった全ての是正処置の有効性をレビューする
e) 必要な場合には、計画の策定段階で決定したリスク及び機会を更新する
f) 必要な場合には、品質マネジメントシステムの変更も行う

　是正処置を取るか取らないかは、不適合の持つ影響の大きさに応じて組織で決定します。
　是正処置が有効に行われると不適合の原因が減少し、品質マネジメントシステムの継続的改善につながります。しかし、不適合の原因が正しく把握されていない場合は、同じ不適合を繰り返します。不適合が発生したときは、**真の原因を突き止め、その原因を是正する**ことが強く望まれます。

■ 修正処置と是正処置の例

タンクに穴が開いている（不適合）

穴をふさぐ（修正）
10.2.1a) 1)

油の回収（対処）
10.2.1a) 2)

油の漏洩（結果）

再発防止のために是正の必要性評価　10.2.1b)
　1) どんな穴か？（分析）
　2) タンクの腐食（原因）
　3) 他のタンクは？（水平展開）

素材変更（是正処置）
10.2.1c)

修正処置だけでは不適合は再発する。原因を除去する是正処置が望まれる

■ 不適合及び是正処置のフロー

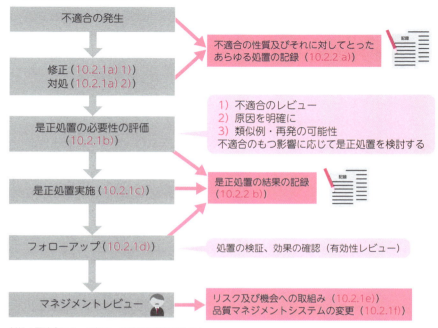

対処：不適合によって起こった結果に対処すること

○ 文書化した情報を残す

　不適合と是正処置について、次の事項の証拠として**文書化した情報（記録）を残す**ことが10.2.2で必要とされています。

a) 不適合の性質及びそれに対してとったあらゆる処置
b) 是正処置の結果

　a) では発生した不適合に対して、修正、対処、是正などのあらゆる処置について実施した内容の記録を求めており、b) ではとくに再発防止の処置（是正処置）の結果、有効だったか否かについての記録を求めています。適切な是正処置の記録は、組織の知識として教育訓練の資料として活用してもよいでしょう。

継続的改善に取り組む

10.3では品質マネジメントシステムの**適切性、妥当性、有効性の改善に継続して取り組む**ことが必要とされています。すなわち、品質マネジメントシステムで取り組んでいる活動が適切な内容であるか、ほどよい活動の程度であるか、効果があるかについて見直し、継続して改善することが求められています。

継続的改善の一環として、取り組まなければならない必要性（パフォーマンス不足）または改善の機会があるかどうかを明確にするために、分析及び評価の結果【関連9.1.3】、並びにマネジメントレビューからのアウトプット【関連9.3.3】を検討することを求めています。

■ PDCAサイクルを回して継続的改善に取り組む

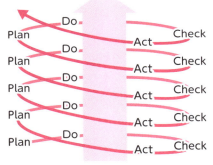

まとめ

- 不適合が発生したら修正・対処のための処置をとり、記録する
- 不適合の原因を明確にし、必要に応じて是正処置を実施する
- システムの適切性、妥当性、有効性の改善に継続して取り組む

COLUMN 「10 改善」の監査のポイント

①改善に対する取組みが組織の状況に対して適切であり、効果的に行われていることを監査します。

②不適合に対する是正処置が適切で妥当であることを監査します。

おわりに

　2015年のISO 9001は、組織の状況に応じて有効に品質マネジメントを行うための工夫が多く盛り込まれました。品質マネジメントシステムを構築するときには、要求事項の意図をよく理解して取り入れることによって、より有効なマネジメントシステムにすることができるでしょう。

　事業を取り巻く環境は常に変化していますので、変化によって生じる内外の課題を常に把握し、的確に対応していく必要があります。ISO 9001の要求事項を骨格として品質マネジメントシステムを確立した後は、それを有効に動かすための筋肉としてのしくみを鍛えていくことが必要です。たとえばプロセスを構成する人の教育訓練、設備・環境の整備、手順の見直しなど、品質マネジメントシステムのリスクや機会に取り組むことによって、品質マネジメントシステムを継続的に改善することが望まれます。

　品質マネジメントシステムを導入し、有効に活用しながら改善していくことによって、組織の永続的な成長にお役立てください。

2019年7月吉日
株式会社テクノソフト
福西　義晴

索引 Index

数字・アルファベット

4M変更 176
IS 13
ISO 12
ISO 9000 ファミリー規格 28
ISO 9001 認証取得状況 30
ISO MSS 16
ISO規格 13
ISO認証制度 50
ISOマネジメントシステム規格 16
JIS規格 13
MSS共通テキスト 16
PAS 13
PDCAサイクル 16, 26
QC7つ道具 189
TR 13
TS 13

あ行

アウトプットの保存 172
維持審査 62
一次審査 56
一般公開仕様書 13
意図した結果 23
インフラストラクチャ 70, 118
運用 138

か行

改善 76, 198
改訂のポイント 20

開発計画書 152
外部委託する 72
外部から提供されるプロセス、
　製品及びサービスの管理 162
外部提供者 67, 114, 163
外部提供者の所有物 170
外部や内部の課題 78
拡大審査 62
監査 75
監査基準 76
監査証拠 76
監査所見 76
監査プログラム 46, 75, 192
監視 75
監視、測定、分析及び評価 45, 184
管理責任者 20, 98, 102
機会 69, 104
技術仕様書 13
技術報告書 13
計画 38, 104
継続的改善 60, 76, 203
計量特性 68
検査 73
検証 71
更新審査 62
顧客重視 24, 94
顧客または外部提供者の所有物 170
顧客満足 74, 94, 186
国際規格 13
コミットメント 91

205

コミュニケーション 130, 142

さ行

サーベイランス審査 62
再認証審査 62
作業環境 70, 121
支援 40, 114
識別 168
システム 68
修正処置 48, 201
審査の準備 54
申請手続き 54
人的要因 68
ステークホルダー 67
製造及びサービス提供 166
是正処置 48, 76, 200
設計・開発 150
設計・開発からのアウトプット 158
設計・開発の管理 156
設計・開発の計画 151
設計・開発の変更 160
設計・開発プロセス 151
設計・開発へのインプット 154
測定 45, 75, 184
測定のトレーサビリティ 122
組織 67
組織図 99
組織の主張 145
組織の状況 36, 67, 78
組織の知識 21, 124

た行

タートル図 182
妥当性確認 71, 156
適用範囲の決定 83
統合審査 64
特別審査 62
トップマネジメント 37, 66, 91
トレーサビリティ 73, 122, 169

な行

内部監査 45, 191
内部資源 114
なぜなぜ分析 49
二次審査 58
日本産業規格（JIS） 12
日本産業標準審議会（JISC） 12
日本適合性認定協会（JAB） 50
認識 128
認証機関 52
年度計画表 112

は行

パフォーマンス 74
パフォーマンス評価 184
引渡し後の活動 174
人々 116
ヒューマンエラー防止 21
品質 22, 68
品質改善 69
品質管理 69
品質計画 69
品質特性 68

索引 Index

品質方針	96
品質保証	69
品質保証体系図	86
品質マネジメント	23
品質マネジメントシステム	23
品質マネジメントシステムの改善	48, 60
品質マネジメントシステムの計画	38
品質マネジメントシステムの構築	36
品質マネジメントシステムの実施	40
品質マネジメントシステムの評価	44
品質マネジメントシステムの変更	110
品質マネジメントシステムの要求事項	18
品質マネジメントシステムのロードマップ	32
品質マネジメントシステムを継続的に改善する	60, 76, 203
品質マネジメントの原則	24
品質目標	108
フィードバック	71, 142
複合審査	64
不適合	48, 73, 200
不適合なアウトプット	180
プロセス	42, 67, 85
プロセスアプローチ	19, 24
プロセス定義書	182
プロセスの運用に関する環境	120
プロセスフロー図	140
プロセスマップ	86
文書化した情報	70, 132
分析及び評価	188
変更の管理	176

ま行・や行・ら行

マトリクス表	100
マネジメント	23
マネジメントシステム	68
マネジメントシステム規格	12, 16, 28
マネジメントレビュー	47, 194
目標	69
役割と責任	98
有効性	74
要求事項	18, 22, 71
要求事項の変更	148
要求事項の明確化	144
リーダーシップ	24, 37, 90
利害関係者	67
利害関係者のニーズ及び期待	81
力量	70, 126
リスク	27, 69, 104
リスクに基づく考え方	21, 27
リリース	73, 178

❙ 著者プロフィール ❙

福西　義晴（ふくにし　よしはる）

株式会社テクノソフト　倉敷事業所　所長・コンサルティング統括、コンサルタント
JRCA登録　品質マネジメントシステム審査員補
CEAR登録　環境マネジメントシステム審査員補
IRCA登録　労働安全衛生マネジメントシステム審査員補

1986年に株式会社クラレに入社後、合成樹脂の研究開発、活性炭の研究開発・商品開発・原料調達・品質保証、工場の安全衛生に従事。2015年より株式会社テクノソフトでマネジメントシステム（品質、環境、労働安全衛生）の認証取得・維持支援やセミナーに従事。

■ お問い合わせについて
・ご質問は本書に記載されている内容に関するものに限定させていただきます。本書の内容と関係のないご質問には一切お答えできませんので、あらかじめご了承ください。
・電話でのご質問は一切受け付けておりませんので、FAXまたは書面にて下記までお送りください。また、ご質問の際には書名と該当ページ、返信先を明記してくださいますようお願いいたします。
・お送り頂いたご質問には、できる限り迅速にお答えできるよう努力いたしておりますが、お答えするまでに時間がかかる場合がございます。また、回答の期日をご指定いただいた場合でも、ご希望にお応えできるとは限りませんので、あらかじめご了承ください。
・ご質問の際に記載された個人情報は、ご質問への回答以外の目的には使用しません。また、回答後は速やかに破棄いたします。

■ 装丁 ──────── 井上新八
■ 本文デザイン ──── BUCH⁺
■ 本文イラスト ──── リンクアップ
■ 担当 ──────── 和田規
■ 編集／DTP ───── リンクアップ

図解即戦力
ISO 9001の規格と審査が
これ1冊でしっかりわかる教科書

2019年 9月14日　初版　第1刷発行
2024年 9月18日　初版　第5刷発行

著　者　　株式会社テクノソフト　コンサルタント　福西義晴
発行者　　片岡　巌
発行所　　株式会社技術評論社
　　　　　東京都新宿区市谷左内町21-13
　　　　　電話　　03-3513-6150　販売促進部
　　　　　　　　　03-3513-6185　書籍編集部
印刷／製本　株式会社加藤文明社

©2022　株式会社テクノソフト

定価はカバーに表示してあります。
本書の一部または全部を著作権法の定める範囲を超え、無断で複写、複製、転載、テープ化、ファイルに落とすことを禁じます。
造本には細心の注意を払っておりますが、万一、乱丁（ページの乱れ）や落丁（ページの抜け）がございましたら、小社販売促進部までお送りください。送料小社負担にてお取り替えいたします。

ISBN978-4-297-10772-7 C3053　　　Printed in Japan

■ 問い合わせ先
〒162-0846
東京都新宿区市谷左内町 21-13
株式会社技術評論社 書籍編集部

「図解即戦力　ISO 9001の規格と審査がこれ1冊でしっかりわかる教科書」係

FAX：03-3513-6181

技術評論社お問い合わせページ
https://book.gihyo.jp/116
または上のQRコードよりアクセス